JN040727

Graph Neural Networks

Implementation with PyTorch

グラフニューラルネットワーク

PyTorchによる実装

村田剛志 著

まえがき

グラフとは、関連するノード（頂点）がエッジ（辺）で結ばれたデータ構造である。友人関係、Webページ集合、論文の引用関係、交通網、化学化合物、いずれもグラフとして表現することができる。グラフとして表現することによって、重要な（中心的な）ノードの検出、ノードのグループ分け、新たに出現するエッジの予測ができるようになる。さらに、グラフ上での情報や病気の伝播を解明・制御したり、構造をモデル化して深く理解したりすることも可能になる。数学、物理学、化学、社会科学、言語学、生物学、情報学など、さまざまな学問領域でグラフは活用されている。

機械学習の目標は、明示的にプログラムされることなくデータからコンピューターが最も確からしく振る舞うようにさせることである。そして深層学習は、多層のニューラルネットワークを用いた機械学習である。深層学習器を訓練するアルゴリズムとして逆伝播法（バックプロパゲーション）が開発されたことや、高速なGPUの出現によって深層学習器を大規模データを用いて訓練可能になったことなどが要因となり、さまざまな分野において深層学習は実世界にインパクトを与えるような数々の成功を収めている。

本書で取り上げるグラフニューラルネットワークは、グラフを対象とした深層学習を行う。平面や空間における局所的な特徴を抽出する畳み込みニューラルネットワークのグラフへの拡張や、グラフやそのノードなどを低次元のベクトルで表すための表現を学習するグラフエンベディングの研究など、グラフニューラルネットワークの研究は非常に盛んになってきている。先に述べたように、グラフはさまざまな学問領域に現れるため、グラフを対象とした機械学習タスクを高速化・高精度化することで、グラフニューラルネットワークは情報学だけに留まらず、幅広い分野への応用が期待できる。

グラフニューラルネットワークによって何がどこまで可能になるかについてはまだ未知数で、今まさに多数の研究者によってさまざまな研究が行われている。このグラフニューラルネットワークの盛り上がりを読者の方々と共有したく、微力ながら本書を執筆した。本書がグラフニューラルネットワークを理解するための出発点となることができれば、著者にとって望外の喜びである。

なお、本書の追加情報や正誤表などは、以下のサポートサイトに掲載しているので適宜参照していただきたい。

本書のサポートサイト
https://github.com/atarum/GraphNeuralNetworks/

謝辞

本書第6章では、ドルトムント工科大学のMatthias Fey氏とFondazione Bruno Kessler（FBK）のGabriele Santin氏が作成したコードを使わせて頂いた。引用を快諾してくださったFey氏とSantin氏に感謝したい。

Graph Neural Networks

目次

まえがき ………… III

第 1 章　グラフニューラルネットワークとは

1.1 はじめに ………… 002

1.2 グラフを対象とした畳み込み ………… 005

1.3 グラフを対象とした機械学習タスク ………… 008

1.3.1 ノード分類 ………… 009
1.3.2 グラフ分類 ………… 010
1.3.3 リンク予測 ………… 011
1.3.4 グラフ生成 ………… 012

1.4 グラフニューラルネットワークの応用 ………… 013

1.4.1 画像認識 ………… 013
1.4.2 推薦システム ………… 014
1.4.3 交通量予測 ………… 014
1.4.4 化合物分類 ………… 015
1.4.5 組み合わせ最適化 ………… 016
1.4.6 COVID-19とグラフニューラルネットワーク ………… 016

まとめ ………… 019

第 2 章　グラフエンベディング

2.1 グラフエンベディング手法の概観 ………… 022

2.2 次元縮約に基づく手法 ………… 025

2.3 グラフ構造に基づく手法 …… 027
2.3.1 DeepWalk …… 027
2.3.2 LINE …… 031
2.3.3 node2vec …… 036
2.3.4 GraRep …… 039
2.4 ニューラルネットワークに基づく手法 …… 041
まとめ …… 043

第 3 章 グラフにおける畳み込み

3.1 グラフ畳み込みにおけるアプローチ …… 049
3.2 Spectral Graph Convolution …… 051
3.2.1 フーリエ変換 …… 051
3.2.2 グラフラプラシアン …… 052
3.2.3 ChebNet …… 058
3.2.4 GCN …… 060
3.3 Spatial Graph Convolution …… 063
3.3.1 PATCHY-SAN …… 064
3.3.2 DCNN …… 065
3.3.3 GraphSAGE …… 067
まとめ …… 070

第 4 章 関連トピック

4.1 グラフオートエンコーダ …… 072
4.2 GAT …… 077
4.3 SGC …… 081
4.4 GIN …… 084
4.5 敵対的攻撃 …… 088

4.6 動的グラフのエンベディング …… 090
4.7 時空間グラフ畳み込みネットワーク …… 094
4.8 説明可能性 …… 096
まとめ …… 098

第 5 章 実装のための準備

5.1 Python …… 102
5.2 NumPy …… 104
5.3 SciPy …… 107
5.4 pandas …… 110
5.5 Matplotlib …… 113
5.6 seaborn …… 116
5.7 Scikit-learn …… 119
5.8 t-SNE …… 122
5.9 Jupyter Notebook …… 126
5.10 Google Colaboratory …… 128
まとめ …… 132

第 6 章 PyTorch Geometricによる実装

6.1 PyTorch …… 134
6.1.1 データセット …… 136
6.1.2 モデル …… 143
6.1.3 損失 …… 147
6.1.4 最適化 …… 150

6.2 PyTorch Geometric入門 …… 160
6.2.1 PyTorch Geometricとは …… 160
6.2.2 類似ライブラリとの比較 …… 160
6.2.3 PyTorch Geometricによるグラフのデータ構造 …… 162
6.2.4 よく使われるベンチマークデータセット …… 167
6.2.5 ミニバッチ …… 170
6.2.6 データ変換 …… 172
6.2.7 グラフの学習手法 …… 174

6.3 PyTorch Geometricによるノード分類・グラフ分類 …… 177
6.3.1 PyTorch Geometricによるエンベディング …… 177
6.3.2 PyTorch Geometricによるノード分類 …… 189
6.3.3 PyTorch Geometricによるグラフ分類 …… 201

まとめ …… 212

第7章 今後の学習に向けて

7.1 書籍 …… 214
7.2 サーベイ論文 …… 216
7.3 動画 …… 218
7.4 リンク集など …… 219
7.5 Open Graph Benchmark …… 220
まとめ …… 221

おわりに …… 222
参考文献 …… 223
索引 …… 228

Chapter 1

Graph Neural Networks

第 1 章

グラフニューラルネットワークとは

1.1 はじめに

近年、深層学習（ディープラーニング）は、特に画像認識や自然言語処理などの分野で目覚ましい成果をあげている。その理由としては、ニューラルネットワークにおける学習アルゴリズムの発展や、GPUなどによる計算処理能力の向上などが挙げられる。このような深層学習をグラフ（ネットワーク）で表される構造データに適用する研究が非常に盛んになってきている。グラフ中の頂点やグラフ全体を高精度に分類できれば、高度な画像認識、推薦システム、交通量予測、化合物分類、さらには新型コロナウイルス感染症（COVID-19）への対処のための応用なども期待できる。

その一方で、ニューラルネットワークによってグラフデータを扱ううえでの固有の問題や課題があることも指摘されている。グラフニューラルネットワークでどこまで扱えるか、その可能性や限界を明らかにするための研究も進められてきている。本書では、構造データを扱うグラフニューラルネットワークの基本的な知識および主要な研究について紹介するとともに、多くの研究者によって利用されているPyTorch Geometricによる実際の例についても述べる。さらには今後の学習のための情報源などについても述べる。

本書の読者層は、主に情報系の技術者や学生を想定している。背景知識として、画像認識などにおける深層学習の知識があることが望ましいが、そのような知識が不十分であっても読み進めることができるように配慮している。本書によって、グラフニューラルネットワークの基本的な知識や代表的研究、可能性や限界、応用分野、さらには実装のための知識を修得することを目標としている。

本書の構成を**図 1.1** に示す。

第1章「グラフニューラルネットワークとは」では、イントロダクションとして、グラフを対象とした畳み込みにおける課題やグラフを対象とした機械学習タスク、グラフニューラルネットワークの応用例について述べる。

第2章「グラフエンベディング」では、グラフ構造をベクトル表現に変換するエンベディング（埋め込み）について、その必要性や課題、代表的な研究例について述べる。

第3章「グラフにおける畳み込み」では、グラフ信号処理に基づくSpectralなグラフ畳み込みと、帰納的なアプローチであるSpatialなグラフ畳み込みについてそれぞれ述べる。

第4章「関連トピック」では、グラフニューラルネットワークに関連するトピックについて述べる。attentionやGAN、説明可能性などの深層学習における多くのトピックについて、グラフニューラルネットワークの観点から述べる。また、グラフニューラルネットワークにおける課題についても述べる。

第5章「実装のための準備」では、実際にグラフニューラルネットワークを実装するために必要な基礎知識について述べる。Pythonやその

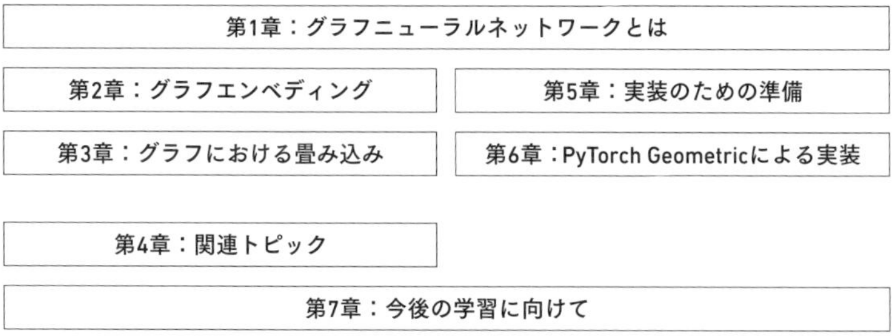

第1章：グラフニューラルネットワークとは

第2章：グラフエンベディング

第5章：実装のための準備

第3章：グラフにおける畳み込み

第6章：PyTorch Geometricによる実装

第4章：関連トピック

第7章：今後の学習に向けて

図1.1 本書の構成

ライブラリであるNumPy、SciPy、pandas、Matplotlib、seaborn、Scikit-learn、t-SNEによる可視化、Google Colaboratoryなどの環境について述べる。

第6章「PyTorch Geometricによる実装」では、グラフニューラルネットワークを実装するためのPyTorchベースのライブラリPyTorch Geometricについて述べる。エンベディングやノード分類、グラフ分類などの基本的なタスクについて、実例とともに説明する。

第7章「今後の学習に向けて」では、本書の次にグラフニューラルネットワークを学んでいくための情報源として、書籍、サーベイ論文、動画などを紹介する。また、グラフのベンチマークデータを公開しているOpen Graph Benchmarkについても述べる。

1.2 グラフを対象とした畳み込み

画像認識、音声認識、自然言語処理など、深層学習によって目覚ましい成果をあげている分野においては、画素が格子状に配置された2次元のデータや、単語が時間順に列として配置された1次元のデータを主な対象としている。

一方、実世界におけるデータの多くはそのような規則的な構造ではなく、グラフ（ネットワーク）の形で表現されている。例えばSNSにおけるユーザーやフォロワー、Webにおけるページやハイパーリンク、タンパク質の相互作用ネットワーク、概念間の関係を表すナレッジグラフなどが挙げられる。

深層学習の手法を一般化し、このような構造データにも適用できるようにするのは、学問としてチャレンジングである。同時に、グラフ分類やリンク予測など、非構造データにはない機械学習タスクを深層学習によって高精度・高速に実現することができれば、交通量予測や化合物分類などの幅広い応用が可能になる。

畳み込みニューラルネットワークは、画像認識において入力画像の特徴を認識するために用いられる。例えば手書きの数字を認識したり、画像内のオブジェクトが人間なのか犬なのかを認識したりする際に畳み込みは用いられる。

画像認識や文字認識においては、個々の単独の画素ではその特徴や全体における役割を把握するのは難しい。周囲の画素の情報を加味することによって、初めて画素やフィルタの範囲の特徴を認識できるようになる。サイズの小さい画像であるフィルタ（カーネル）を平行移動させながら、入力画像とフィルタとで畳み込み（積和演算）を行う。そのような畳み込みを階層的に行うことによって、フィルタのサイズでの局所的な特徴だけでなく、フィルタを複数組み合わせた大きなサイズでの大局的な特徴も認識できるようになる。その結果、画像の認識や分類も可能になる。画像認識の畳み込みニューラルネットワークであるAlexNetやVGGなどにおいては、畳み込み層とプーリング層を多重にすることで、大規模な画像データベースであるImageNetなどを対象としたタスクで認識精度を高めている。もっと深く複雑な構造を持たせることで、さらに精度を高める試みも多数行われている。

従来の深層学習において、畳み込みニューラルネットワークは比較的単純なグリッドや列を対象としていた（**図1.2**）。例えば画像認識においては、画素が格子状に並んだ2次元のグリッドであり、自然言語処理においては1次元の単語列である。そのような規則的な構造においては、畳み込みのための近傍のフィルタを定義したりすることは比較的容易である。グラフにおいても、近傍のノードの特徴を用いて自身のノードの特徴を学習することによって、ノード分類やグラフ分類、リンク予測などのタスクを高精度に行うことが期待できる。しかしながら、グラフを対象とした畳み込みは、以下のような理由で単純ではない。

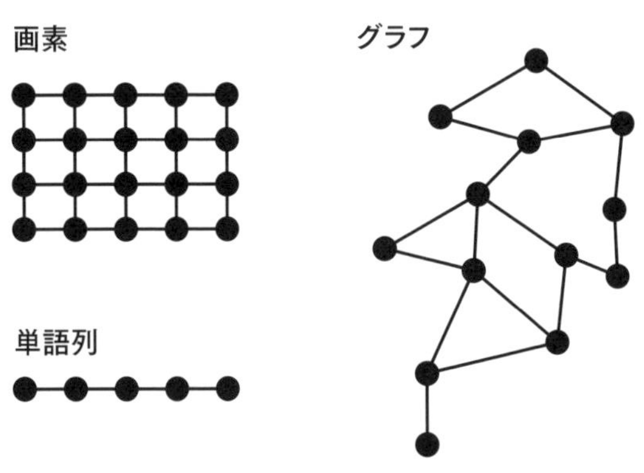

図1.2　画素・単語列・グラフのトポロジー

- **隣接頂点数が可変**：一般にグラフには多くの隣接ノードを持つものとそうでないものがあり、近傍のノード数がまちまちであるため、畳み込みの定義は自明ではない。
- **複雑なトポロジー**：グリッドや列とは異なり、グラフでは非常に離れているノードがエッジで結合していることがあり、局所性が保たれない場合がある。
- **ノードが順序づけられていない**：規則的な配置である画素や単語列においては、畳み込みを行う順序を決めるのは比較的容易であるが、グラフ構造ではそうではない。

1.3 グラフを対象とした機械学習タスク

グラフニューラルネットワーク（Graph Neural Networks, GNN）は、グラフにおける構造情報も加味して各ノードおよびグラフ全体の特徴（表現）を学習するニューラルネットワークである。得られた各ノードおよびグラフ全体の特徴は、ノード分類、グラフ分類、リンク予測、グラフ生成のモデル化などのタスクに用いられる。

グラフ上で近接しているノード同士の特徴は類似していることが望ましい。その一方で、グラフにおいては極端に次数の多い（隣接ノードが多い）ノードも存在するため、近接しているノード同士の特徴を類似させすぎるとノード間の区別がつきにくくなる。また、畳み込みにおいて局所性が維持できない場合、非常に多くのノード情報を用いる必要が生じ、大規模グラフにおいては計算量が爆発してしまうという問題もある。

図1.3を用いてグラフニューラルネットワークの概要について述べる。図の中央の「GNN」がグラフニューラルネットワークである。「GNN」の左側が与えられたグラフで、白丸のノードはエッジで結ばれており、各ノードの近くの白黒の長方形はそのノードが持つ特徴（表現）を表している。「GNN」の右側のグラフでは、グラフのノードの特徴が学習によって近傍ノードの特徴を反映したものになっている。この学習後の特徴を利用して、ノード分類やグラフ分類を行う。

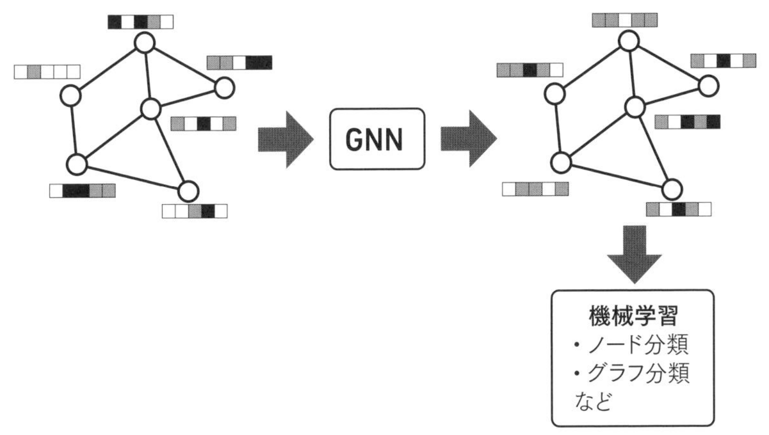

図1.3　グラフニューラルネットワークの概要

ベクトルで表される非構造データを対象とした機械学習におけるタスクとしては、分類、回帰、クラスタリング、次元縮約などがある。一方、グラフニューラルネットワークではベクトルではなくグラフを対象としており、そのタスクとしては以下のものがある。次項以降でそれぞれについて述べる。

- ノードを対象としたタスク［**ノード分類**］
- グラフを対象としたタスク［**グラフ分類**］
- エッジを対象としたタスク［**リンク予測**］
- 生成モデルについてのタスク［**グラフ生成**］

1.3.1　ノード分類

グラフが与えられ、ノードが属するクラスがあらかじめわかっているときに、個々のノードがどのクラスに属するかを出力するタスクがノード分類である。入力はグラフと一部のノードが属するクラスで、出力はその他のノードが属するクラスである。グラフニューラルネットワークによるノード分類を**図1.4**を用いて説明する。

ここでは、友人関係を表す社会ネットワークと、その中の一部の人々に民主党支持者か共和党支持者かのラベルが与えられていて、その他の人々のラベル（民主党支持者（ロバ）か共和党支持者（ゾウ）か）を当てるというタスクを考える。グラフのノードは「人」を、ノード間を結ぶエッジは「友人関係」を表す。各ノードの特徴はその人の属性（例えば年齢、性別、職業など）としたとき、ノード分類をするためにはそのノードの特徴だけでなく、近傍（友人）のノードの特徴も加味することが望ましい。グラフニューラルネットワークはノードの特徴を近傍に伝播させることによって各ノードの特徴を学習する（これは「表現学習」とも呼ばれる）。この学習後の特徴を用いることによって、精度の高いノード分類を行うことが期待できる。

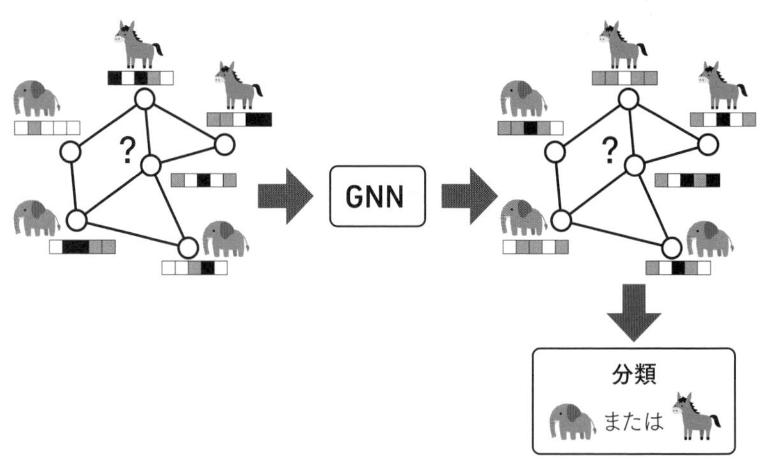

図1.4 グラフニューラルネットワークによるノード分類

1.3.2 グラフ分類

グラフが与えられ、グラフが属するクラスがあらかじめわかっているときに、グラフ全体を対象とした分類を行うタスクがグラフ分類である。入力はグラフで、出力はそのグラフの属するクラスである。グラフニューラルネットワークによるグラフ分類を**図1.5**を用いて説明する。

化学化合物は、原子をノード、結合をエッジとするグラフで表現できる。ここでは、化学化合物が与えられて、水溶性の有無や毒性の有無などの特徴を当てるというタスクを考える。先のノード分類においては各ノードの特徴（表現）を学習したが、グラフ分類においてはそれをもとにグラフ全体の特徴を求めて分類を行う。

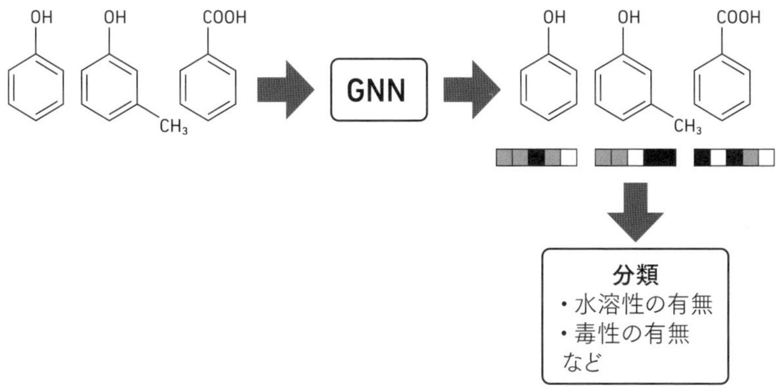

図1.5　**グラフニューラルネットワークによるグラフ分類**

1.3.3　リンク予測

グラフが与えられたとき、エッジで結ばれるべきノードペアや、各ノードペアにおけるエッジが生じる確率を求めるタスクがリンク予測である。入力はグラフで、出力はノードペアのランキングである。リンク予測を**図1.6**に示す。リンク予測の例としては、ソーシャルメディアにおける友人の推薦や、商品と購入ユーザーからなる2部グラフにおける商品の購入予測などがある。

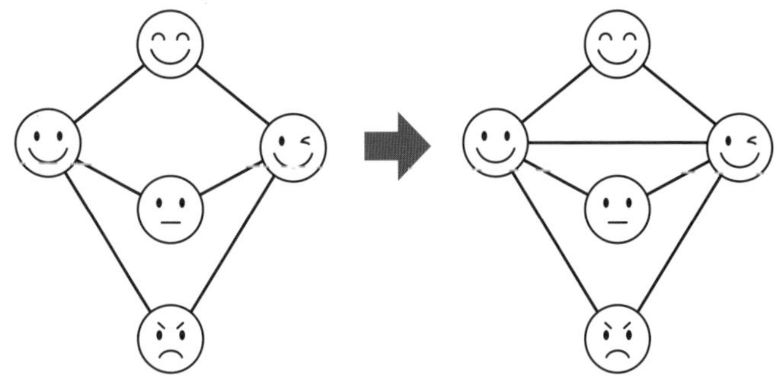

図1.6 リンク予測

1.3.4 グラフ生成

グラフ生成は、グラフにおけるある特性が与えられたときに、その特性を持つ類似したグラフを生成するようなモデルを構成するタスクである。モデルへの入力がグラフの特性、出力がその特性を持つグラフ集合である。グラフ生成のイメージ図を**図1.7**に示す。具体例としては、創薬などを対象としたプロジェクトで、ある特性を持つ化学化合物のグラフ構造を数多く生成するモデル（生成器）などが挙げられる。

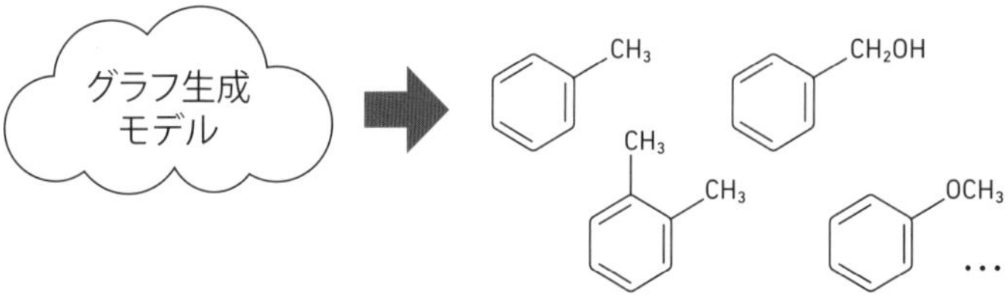

図1.7 グラフ生成

1.4 グラフニューラルネットワークの応用

従来の深層学習が、主に画像や音声、自然言語などを対象としていたのに対し、グラフニューラルネットワークは、グラフで表される構造データを対象としている。実世界においてはさまざまなデータが構造データとして表せることから、非常に幅広い応用が考えられる。例えば、Zhouらのサーベイ論文「Graph Neural Networks: A Review of Methods and Applications」においては、グラフニューラルネットワークの応用例としてテキスト、画像、物理学、化学、生物学、交通網、推薦システム、組み合わせ最適化などが挙げられている。以下では、グラフニューラルネットワークの応用例をいくつか紹介する。

Graph Neural Networks: A Review of Methods and Applications
https://doi.org/10.1016/j.aiopen.2021.01.001

1.4.1 画像認識

画像認識は、深層学習でも従来からさまざまな研究がなされてきた。これまでよりも高度な画像認識を実現するためには、画像に現れる対象間の関係を認識できるようになる必要がある。例えば犬と人間の画像であっても、ペットと飼い主としての関係なのか、警察犬と追われる犯人としての関係なのかによって画像の意味が大きく異なってくる。画像に含まれる対象をノード、それらの関係をエッジとするグラフを「シーングラフ」と呼ぶ。画像の意味内容をコンパクトに表現できるため、画像検索や画像質問応答などのさまざまなタスクへの応用が期待されている。グラフニューラルネットワークを使えば、画像を入力として、対象と意味的関係を出力とするシーングラフ生成の実現が期待できる。対象間の関係を表すシーングラフを入力とし、そのような関係を有する対象が現れる画像を出力することで、よりリアルな画像生成が実現する可能性がある。

1.4.2　推薦システム

ユーザーが商品を購入したとき、ユーザーと商品をノード、購入という両者の関係をエッジで表すことにすると、将来現れるエッジを予測する（リンク予測）ことが商品の推薦につながる。この場合、入力がユーザーと商品と購入関係、出力が欠損したエッジである。リンク予測においては、購入関係を表すグラフ構造だけではなく、ユーザーや商品それぞれが持つ特徴（表現）を加えることによって、より精度の高い推薦が期待できる。グラフニューラルネットワークはグラフ構造とノードの特徴の両方を用いた学習に有効である。

1.4.3　交通量予測

道路網は道路をセグメントに分割してグラフとして表現できる。各セグメントでのカメラからの交通量および距離を入力として、渋滞やスピードの予測を出力とするのが交通量予測である。具体的な例として、DeepMind社が2020年9月に自社のブログに「Traffic prediction with advanced Graph Neural Networks」という記事を投稿している。

Traffic prediction with advanced Graph Neural Networks
https://deepmind.com/blog/article/traffic-prediction-with-advanced-graph-neural-networks

このモデルでは、地域の道路網をセグメントに分割してグラフとして扱う。各セグメントをノードに対応させ、同じ道路上で連続しているか、交差点でつながっているセグメント間をエッジで結んでいる（**図1.8**）。

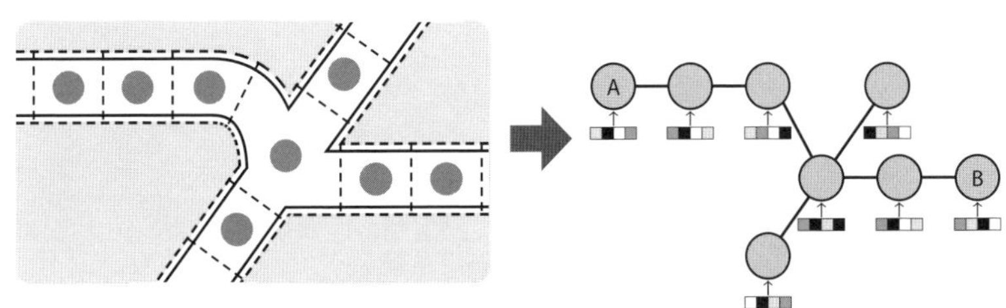

図1.8 交通量予測

グラフニューラルネットワークでは、メッセージパッシングアルゴリズムが実行され、エッジやノードの状態に対するメッセージとその影響が学習される。DeepMind社はGoogleマップのチームと協力し、グラフニューラルネットワークを用いることで、ベルリン、ジャカルタ、サンパウロ、シドニー、東京、ワシントンDCなどにおける到着時刻の予測の精度を向上させることに成功している。これによって、Googleマップを利用している十億以上の人々に恩恵をもたらすとしている。

1.4.4 化合物分類

分子は、原子がノード、原子間の結合がエッジであるようなグラフ構造として表すことができる。グラフニューラルネットワークは、既存の化合物を対象とした分類や新たな化合物の設計に利用することができ、コンピュータを用いた創薬支援に貢献することが期待できる。分子指紋（molecular fingerprints）は、分子を表す特徴ベクトルである。例示した分子からの学習によって新たな分子の性質を予測する機械学習モデルにおいては、従来は入力として固定長の分子指紋を使用したりしていた。グラフニューラルネットワークは従来手法に代わって、タスクに適した識別可能な分子指紋を生成できる。グラフニューラルネットワークによって学習された分子指紋は、分子におけるすべての構造をエンコードする必要はなく、タスクに関連する特徴のみに最適化でき、計算の負荷を減少させることができる。

1.4.5　組み合わせ最適化

グラフを対象とする計算は一般に計算量が多く、特にグラフ上の組合せ最適化問題はNP困難なものが多い。そのような問題の中には、ヒューリスティックな方法で近似解が得られるものもある。最近では、深層学習を用いてこれらの問題を解く試みがなされており、その構造データに対してグラフニューラルネットワークが活用されるようになってきている。一般的なグラフニューラルネットワークは、最小頂点カバー問題、最大カット、巡回セールスマン問題、最小スパニングツリーなどの、グラフ上の多くの最適化問題に適用することができる。与えられた入力グラフに対する解を反復的に学習するために、グラフニューラルネットワークと強化学習を組み合わせる試みもなされている。

グラフニューラルネットワークが従来の手法よりも優れている例として、2つのグラフの類似度を測る二次割り当て問題（Quadratic Assignment Problem）がある。グラフニューラルネットワークによって学習されたノードエンベディングを用いてグラフを比較することで、従来手法よりも優れた性能を示すものがある。

1.4.6　COVID-19とグラフニューラルネットワーク

2020年初頭から始まった新型コロナウイルス感染症（COVID-19）の世界的流行は、あらゆる分野に対して甚大な影響を及ぼしている。この難局を乗り越えるために、COVID-19に関連する研究がさまざまな分野で行われている。

機械学習の著名な国際会議ICMLにおける併設ワークショップGraph Representation Learning and Beyond（GRL+）が2020年7月にオンラインで開催された［8］。このワークショップのWebサイトでは、グラフ表現学習がどのようにCOVID-19との戦いに使えるかについて、William L. Hamilton氏が「Graph Methods for COVID-19 Response」というタイトルのスライドを公開している。このスライドでは、COVID-19に立ち向かうために利用できるデータとして、生体医療データ、疫学ネットワーク、サプライチェーンネットワークを挙げ、これらはいずれもヘテロな関係性を表すデータであるとしている。これらのデータを使った応用として以下の5つを挙げている。

- 薬剤設計（Computational drug design）
- 薬剤転用（Computational treatment design）
- 疫学的予測（Epidemiological forecasting）
- 需要予測、サプライチェーン最適化（Demand forecasting and supply chain optimization）
- 感染追跡（Outbreak tracking and tracing）

薬剤設計は、ウイルスに効く新たな分子構造を見つけるタスクである。副問題として（1）分子表現と特性予測と、（2）分子生成と探索を挙げ、前者についてはグラフニューラルネットワークの利用例を述べているがまだ研究の余地があるとしている。また後者については（i）潜在空間最適化と（ii）探索と強化学習の2つのアプローチを説明している。

薬剤転用は、すでに存在する薬剤がCOVID-19に対して転用しても有効であるかを予測するタスクである。ウイルスのタンパク質構造についての既知の情報を利用する構造ベースのアプローチと、薬剤、病気、タンパク質の生物学的インタラクションの知識を利用するネットワークベースのアプローチがあり、前者は先の薬剤設計に似ているとして、主に後者について予備的な研究が示されている。それらの研究では、ヒューリスティックを用いたり生物学の領域知識を用いたりしているが、それを改善するためにグラフニューラルネットワークを用いた薬剤転用の指針について紹介している。

残りの疫学的予測、需要予測、サプライチェーン最適化、感染追跡については、いずれも（1）ヘテロな関係性を表すデータであり、（2）時間情報や変化を伴い、（3）頂点レベルの予測をするタスクであることから、時空間グラフニューラルネットワーク（spatio-temporal Graph Neural Networks）が有用であると述べている。また疫学的予測と感染追跡については、倫理・プライバシー・公正性などの懸念があるため、まずは大学の倫理委員会などと相談してからにすべきであると述べている。これらはグラフニューラルネットワークの活用の方向性を示したものであり、ヘテロな関係性を表す現実のさまざまなデータに対して有効であることが期待される。

まとめ_1

第1章ではイントロダクションとして、グラフを対象とした畳み込みにおける課題やグラフを対象とした機械学習タスク、グラフニューラルネットワークの応用などについて解説した。グラフとして表される構造データとしては、交通網や化学化合物などさまざまなものがあり、グラフニューラルネットワークを活用することによって物流や創薬など幅広い分野への応用が期待できる。

Chapter 2

Graph Neural Networks

第 2 章

グラフ
エンベディング

2.1 グラフエンベディング手法の概観

グラフエンベディング（graph embedding）とは、グラフの各ノードの構造情報を低次元のベクトルで表現する手法である。グラフの表現学習（representation learning）とも呼ばれる。形式化すると、ノード集合がV、エッジ集合がEのグラフ$G=(V, E)$において、各ノード$v \in V$に対して$|V|$よりずっと小さいk次元表現$r_v \in \mathbb{R}^k$を求めることである。その際、グラフ上での近接性が保たれる必要がある（すなわち、グラフ上で近いノード同士のベクトル表現も近くなければならない）。グラフを2次元平面や3次元空間上で可視化するために、各頂点に2次元や3次元の座標を割り当てることもグラフエンベディングと呼べるが、一般のグラフエンベディングは必ずしも2次元や3次元に限定されるものではない。

一般にグラフエンベディングによってグラフを低次元のベクトル表現にすることは、以下のようなタスクに対してしばしば有効である。

- ノード分類
- クラスタリング
- リンク予測
- グラフ可視化

Cuiらは論文「A Survey on Network Embedding」で、従来のグラフの表現は、処理や分析において以下のような問題があると述べている。

- **高い計算コスト**：従来のグラフの表現では、処理中に反復的・組み合わせ的な段階が含まれ、計算量が増大する。
- **低い並列度**：従来のグラフの表現では、グラフを複数のサーバーに分割して処理させるとサーバー間の通信が増大するなど、並列・分散アルゴリズムを実装するうえで大きな問題がある。
- **機械学習手法の適用不可**：従来のグラフの表現では、既存の機械学習手法を適用することができない。これらの手法ではデータは独立のベクトルであると仮定しているが、グラフのデータは相互に依存しているためである。

A Survey on Network Embedding
https://doi.org/10.1109/TKDE.2018.2849727

これらの問題を解決するために、グラフのノードを低次元のベクトルで表現するグラフエンベディングが用いられる。グラフエンベディングでは、エッジによって表されていたノードの関係性をベクトル空間での距離として表している。グラフエンベディングは、ノード分類、ノードクラスタリング、グラフ可視化、リンク予測などのタスクに利用できる。さらに、従来のグラフ表現に含まれている可能性のあるノイズや冗長な情報を減らし、内在する構造情報を保持することも期待できる。従来のネットワーク分析における反復的・組み合わせ的な処理も、エンベディングで得られたベクトルに対する写像関数、距離尺度や操作などによって扱うことができ、計算量の増大を回避できる。さらに、従来のグラフの表現に比べて並列・分散アルゴリズムの適用が容易であり、既存の機械学習手法を適用できる。

グラフエンベディングによってグラフを低次元のベクトルで表現することで、通常のグラフデータの分析における問題の解決が容易になると期待される。グラフエンベディングを用いてグラフ構造をいわば破壊してベクトル表現に変換する理由としては、以下のものが考えられる。

- グラフをベクトル表現に変換することによって、既存の機械学習のツールを活用してさまざまなタスク（分類、クラスタリング、リンク予測、生成モデルなど）を高精度に実現できる。
- 例えば社会ネットワークであれば、友人関係だけでなく各ユーザーの年齢や性別などの属性があるように、多くのグラフは構造情報と、各ノードの属性情報の両方を有している。構造情報をベクトル表現に変換することによって、両者を加味したノード間類似度を求めることができる。
- 深層学習において、ニューラルネットワークの入出力としてベクトル表現が適している。

どのようなベクトル表現が望ましいか、どのようなタスクに有効か、またチャレンジは何かなど、グラフエンベディングに関する課題は多い。グラフエンベディングの手法については、サーベイ論文 [3] [4] [13] や書籍 [46] など数多く出版されている。以下では代表的なグラフエンベディング手法について紹介する。

2.2 次元縮約に基づく手法

高次元データから低次元の表現を得る古典的な方法として、次元縮約がある。次元縮約はグラフだけではなく、一般の高次元データに対して適用できるものである。主な手法として以下のものがある。

- 主成分分析（principal component analysis, PCA）
- 多次元尺度構成法（multidimensional scaling, MDS）
- 特異値分解（singular value decomposition, SVD）
- Isomap

主成分分析（PCA）は、高次元データを低次元数で表現するために、データの分散が最大となる方向に射影してそれを第一主成分とし、すでに得られた主成分と直交し、かつデータの分散が最大となる方向を同様に第二主成分、第三主成分としていく。

多次元尺度構成法（MDS）は、元の高次元データ間の距離関係をなるべく維持して、低次元数での表現を得るものである。

特異値分解（SVD）は行列分解を行い、低ランク行列によって元の高次元データを近似するものである。

Isomapは高次元データ間の関係をk近傍（k-nearest neighbor）などによって生成されるグラフとして表し、そのグラフのノード間の最短距離によって各データ間の距離行列を得て、それに対して上述の多次元尺度構成法（MDS）を適用することによって低次元の表現を得る。

これらはいずれも高次元データから低次元の表現を得る一般的な手

法であるが、多くのグラフにおいては構造情報だけでなく、各ノードやエッジが特徴（属性）情報を有している。その両方の情報から低次元の表現を得るためには、これらの手法は必ずしも十分とはいえない。

2.3 グラフ構造に基づく手法

この節ではグラフ構造に基づいたエンベディング手法として、以下のものについて述べる。

- DeepWalk
- LINE
- node2vec
- GraRep

2.3.1 DeepWalk

自然言語処理において、単語のエンベディングは早くから研究されてきている。単語を文字列ではなく低次元のベクトルとして表現することによって、female − male ＋ king ＝ queenのように、あたかも単語の意味を足したり引いたりすることができたり、単語間の関係の推定や未知語の意味の推定ができたりするようになる。具体的なエンベディング手法としては、word2vec［26］やGloVe［28］などが有名である。

DeepWalkはPerozziら［29］によって提案されたグラフエンベディング手法である。自然言語処理において単語列から各単語のエンベディングを行うSkipGramをグラフに応用したものであり、グラフ上でのランダムウォーク（あるノードにつながる任意のエッジを選んで別のノードへと移動していくこと）を繰り返し行うことによってノードの列を数多く生成し、その列を自然言語における単語列とみなしてエンベディングを行う。DeepWalkにおける入力はグラフであり、出力は各ノードの潜在表現であるベクトルである。

Perozziらの論文によると、DeepWalkの特徴としては以下のものがある。

- グラフを分析し、統計的モデリングに適した頑健な表現を得るための道具として深層学習を導入する。DeepWalkは短いランダムウォークに内在する構造的規則性を学習する。
- さまざまな社会ネットワークにおける多ラベル分類問題において、訓練例が少ない場合でも高い性能を示している。
- 並列実装によって大規模グラフの表現学習を行い、アルゴリズムのスケーラビリティを示している。

DeepWalkの問題定義は以下のようになる。与えられたグラフのノード集合をV、エッジ集合をEとし、各ノードがS種類の属性を持ち$(X \in \mathbb{R}^{|V| \times S})$、ノードのラベル集合を$y$とし、全ノードのラベルを$Y$とする$(Y \in \mathbb{R}^{|V| \times |y|})$。部分的にラベルづけされたグラフは$G_L = (V, E, X, Y)$で表される。

DeepWalkの目標は、小さい潜在次元数dであるベクトル表現$X_E \in \mathbb{R}^{|V| \times d}$を学習することである。ノード$v_i$からのランダムウォークを$W_{v_i}$、その$k$番目のノードを$W_{v_i}^k$で表す。ランダムウォークを用いることの利点として以下のものがある。

- 局所的な探索は並列化可能である。
- 短いランダムウォークをもとに学習することで、グラフの一部が変更してもすべて計算し直す必要はない（変更した部分のランダムウォークを用いて学習モデルを更新できる）。

言語モデルの目標は、コーパスに現れる特定の単語列のもっともらしさを見積もることである。語彙をV、それに含まれる単語を$w_i \in V$、単語列を$W_1^n = (w_0, w_1, \cdots, w_n)$としたとき、すべての訓練コーパス

に対する $Pr(w_n|w_0, w_1, \cdots, w_{n-1})$ を最大化したい。DeepWalkでは、ランダムウォークによって得た頂点の列を文や節とみなすことで言語モデリングの拡張を行っている。ここでの目標はノードの共起の確率分布だけでなく、潜在表現を学習することであるため、写像関数 $\Phi: v \in V \to \mathbb{R}^{|V|\times d}$ を導入する。この写像 Φ は、グラフの各ノードの潜在表現への関数を表している。したがって、問題は以下の式のもっともらしさを見積もることである。

(2.1) >>>

$$Pr(v_i|(\Phi(v_1), \Phi(v_2), \cdots \Phi(v_{i-1})))$$

しかしながら、ランダムウォークが長くなると、この条件付き確率の計算量が爆発する。そのため、言語モデルの条件を緩和し、（コンテキストから1語を予測するのでなく）1語からコンテキストを予測するようにして、コンテキストは与えられた語の左右から構成されるものとする。さらに語順の制約をなくして、与えられた語 v_i のコンテクストの任意の語の確率が高まるようなモデルにする。これで以下の最適化問題が得られる。

(2.2) >>>

$$\underset{\Phi}{minimize} - \log Pr(\{v_{i-w}, \cdots, v_{i+w}\} \backslash v_i | \Phi(v_i))$$

すなわち $\Phi(v_i)$ の分散表現から、v_i の周囲の語 $v_{i-w}, \cdots, v_{i+w}$ の確率を最大化する（先頭に負号がついているので全体として最小化する）問題となる。DeepWalkのアルゴリズムは、各ノードからランダムウォークを行い、言語モデルSkipGramを用いてノードの分散表現 Φ を更新していく処理を繰り返す。SkipGramはウィンドウ内での単語の共起確率を最大化する言語モデルであり、以下の独立仮説によって先の**式(2.2)**

の条件付き確率を近似する。

$$(2.3) \quad Pr(\{v_{i-w}, \cdots, v_{i+w}\} \backslash v_i | \Phi(v_i)) = \prod_{j=i-w, j \neq i}^{i+w} Pr(v_j | \Phi(v_i))$$

$Pr(v_j|\Phi(v_i))$ の計算は計算量的に容易ではないので、階層的ソフトマックス（Hierarchical Softmax）を使って条件付き確率を分解する。階層的ソフトマックスは、多クラス分類に対して二分木を作り、2クラス分類の組み合わせで確率を計算する手法である。各ノードを二分木の葉に割り当て、$Pr(v_j|\Phi(v_i))$ の予測問題を、二分木の階層構造の特定のパスの確率を最大化する問題とする。ノードu_k からのパスが木のノード列 $(b_0, b_1, \cdots, b_{\lceil \log|V| \rceil})$ の場合 $(b_0 = root, b_{\lceil \log|V| \rceil} = u_k)$ 、**式(2.4)**のようになる。

$$(2.4) \quad Pr(v_k|\Phi(v_j)) = \prod_{l=1}^{\lceil \log|V| \rceil} Pr(b_l|\Phi(v_j))$$

$\mathbb{R}^d$ 、$Pr(b_l|\Phi(v_j))$ はシグモイド関数によって**式(2.5)**のようにモデル化できる。

$$(2.5) \quad Pr(b_l|\Phi(v_j)) = \frac{1}{1 + e^{-\Phi(v_j) \cdot \Psi(b_l)}}$$

ここで $\Psi(b_l) \in \mathbb{R}^d$ は木のノード b_l の親ノードに割り当てられた表現である。これにより $Pr(b_l|\Phi(v_j))$ の計算量を $O(|V|)$ から $O(\log|V|)$ に減らすことができる。

実験結果からも、BlogCatalog、Flickr、YouTube などのデータセットにおける多ラベル分類において、ベースライン手法であるスペクトラルクラスタリング（Spectral Clustering）、エッジクラスタ（Edge Cluster）、モジュラリティ（Modularity）などと比較して高精度であることが示されている。ラベルつきの頂点の割合が少ない場合においても多くの場合においてベースライン手法より高精度であるとしている。DeepWalk［29］のツールやライブラリとしては以下のものがある。

論文
https://doi.org/10.1145/2623330.2623732

著者Perozziによるコード
https://github.com/phanein/deepwalk

paperswithcode.comにおけるサイト
https://paperswithcode.com/method/deepwalk

2.3.2 LINE

LINE［33］はLarge-scale Information Network Embeddingの頭文字を取ったもので、100万ノード程度の大規模グラフを高速に（通常のPCで数時間で）エンベディングする手法である。局所的・大局的なグラフ構造を維持する目的関数を最適化する手法であり、有向・無向グラフや重み付きグラフも対象としている。

ここでは、LINEの特徴である1次・2次近接性について**図2.1**で説明する。この図において、ノード5とノード6はエッジで結ばれていないが、ノード1からノード4までを介して間接的につながっていることから、両ノードの関連性は強いと考えられる。LINEはこのような距離2でつながった2次近接性も考慮してエンベディングを行っている。

例えば多次元尺度法（MDS）、Isomap、Laplacian Eigenmap（LE、ラ

プラシアン固有写像）などの従来のグラフエンベディング手法では、隣接行列の主固有ベクトルを求める必要がある。一般にノード数をNとしたときの計算量は$O(N^3)$以上となるため、大規模グラフでは計算が困難である。

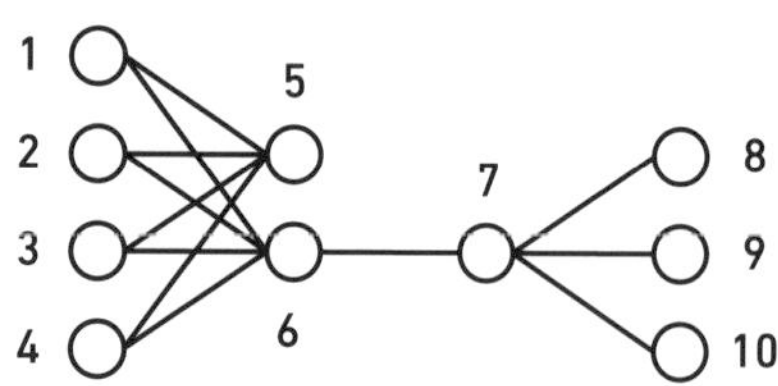

図2.1 LINEにおける1次近接性・2次近接性

Tangらの論文では、LINEの特徴として以下のものを挙げている。

- 有向・重み付きグラフにも対応し、数百万ノードまで拡張できる新しいグラフエンベディング手法LINEを提案した。
- 1次近接性と2次近接性の両方を保持する目的関数を設計し、最適化のためのエッジサンプリングアルゴリズムを提案した。従来の確率的勾配降下法の限界を克服し、推論の有効性と効率性を向上させた。
- 実世界の情報ネットワークを対象とした実験を行い、提案手法の有効性と効率性を実証した。

LINEにおける問題定義は以下のようになる。グラフ$G = (V, E)$における エッジ$e \in E$をノードの順序対$e = (u, v)$として、それぞれに非負の重み$w_{u,v} > 0$を付与する。1次近接性とは、2ノード間の局所的な近接性であり、エッジ(u, v)で結ばれたノードuとvの1次近接性は重みw_{uv}である。1次近接性はノードの類似度を表すが、実世界のグラフにおいては観測されるエッジは一部で多くは欠損している。したがっ

て1次近接性だけでは不十分であり、共通の友人を介した近接性を考える必要がある。2次近接性とは、ノードu、vとエッジで結ばれた隣接ノードの類似度である。ノードuと他のすべてのノードとの1次近接性を$p_u = (w_{u,1},\ w_{u,2},\ \cdots,\ w_{u,|V|})$とすると、ノード$u$と$v$の2次近接性は$p_u$と$p_v$の類似度である。もしノード$u$と$v$の両方とエッジで結ばれたノードがないならば、ノードuとvの2次近接性は0である。

1次近接性のモデルとして、各無向エッジ$(i,\ j)$に対して、結合確率を以下のように定義する。ここで$\vec{u}_i \in \mathbb{R}^d$はノード$v_i$の低次元のベクトル表現である。

(2.6) >>>

$$p_1(v_i,\ v_j) = \frac{1}{1 + e^{-\vec{u}_i^T \cdot \vec{u}_j}}$$

式(2.6)は$V \times V$空間の分布を定義しており、その経験的確率は$\hat{p}_1(i,\ j) = \frac{w_{ij}}{W}$ $\left(ただし W = \sum_{(i,j)\in E} w_{ij}\right)$で定義できる。1次近接性を維持するための率直な方法は以下の目的関数を最小化することである。

(2.7) >>>

$$O_1 = d(\hat{p}_1(\cdot,\ \cdot),\ p_1(\cdot,\ \cdot))$$

ここで$d(\cdot,\ \cdot)$は2つの分布間の距離である。このdをKL-divergenceに置き換え、定数を除去すると**式(2.8)**が得られる。この式を最小化する$\{\vec{u}_i\}_{i=1..|V|}$を求めることで、各ノードをd次元空間のベクトルで表せる。

(2.8) >>>

$$O_1 = -\sum_{(i,j)\in E} w_{ij} \log p_1(v_i,\ v_j)$$

2次近接性は、他の多くのノードとの結合を共有するノードは互いに似ているとの仮定の下に定義されている。各ノードは、ノードそのものと、他のノードのコンテキストとしての2つの役割を持つ。ノード v_i に対して、$\vec{u}_i$ と $\vec{u}'_i$ の2つのベクトルを導入する。前者はノード v_i そのものの表現であり、後者はコンテキストとしての表現である。各有向エッジ (i, j) について、ノード v_i によって作られた v_j のコンテキストの確率を以下のように定義する。ここで $|V|$ はノード（コンテキスト）数である。

(2.9) >>>
$$p_2(v_j|v_i) = \frac{e^{\vec{u}'^T_j \cdot \vec{u}_i}}{\sum_{k=1}^{|V|} e^{\vec{u}'^T_k \cdot \vec{u}_i}}$$

各ノード v_i について、**式(2.9)** はコンテキスト（ネットワークの全ノード集合）に対する条件付き確率分布 $p_2(\cdot|v_i)$ を定義している。2次近接性を保つためには、低次元表現であるコンテキストの条件付き確率分布 $p_2(\cdot|v_i)$ を、経験的確率 $\hat{p}_2(\cdot|v_i)$ に近づける必要がある。したがって、以下の目的関数を最小化する。

(2.10) >>>
$$O_2 = \sum_{i \in V} \lambda_i d(\hat{p}_2(\cdot|v_i),\ p_2(\cdot|v_i))$$

ここで $d(\cdot|\cdot)$ は2つの分布の距離である。一般にグラフのノードの重要度は異なるので、目的関数の中に λ_i を導入してノード i のグラフにおける重要度を表す。具体的には次数やページランク（PageRank）などによって表す。経験的確率 $\hat{p}_2(\cdot|v_i)$ は、$\hat{p}_2(v_j|v_i) = \dfrac{w_{ij}}{d_i}$ によって定義される。ここで w_{ij} はエッジ (i, j) の重みであり、d_i はノード i の出次数（$d_i = \sum_{k \in N(i)} w_{ik}$, $N(i)$ はノード i から他のノードへのエッ

ジによる近傍の集合）である。LINEでは単純化のために、$\lambda_i = d_i$ としている。また、分布間の距離関数にはKL-divergenceを用いている。前述の**式(2.10)**において $d(\cdot|\cdot)$ をKL-divergenceに置き換え、$\lambda_i = d_i$ として定数を除去すると、以下の式を得る。

(2.11)
$$O_2 = -\sum_{(i,j)\in E} w_{ij} \log p_2(v_j|v_i)$$

この目的関数を最小化する $\{\vec{u}_i\}_{i=1..|V|}$ と $\{\vec{u}'_i\}_{i=1..|V|}$ を学習することで、各ノード v_i を d 次元ベクトル $\vec{u}_i$ で表すことができる。

1次近接性と2次近接性を保持するエンベディングを実現するための単純で効果的な方法として、1次近接性を保持するものと、2次近接性を保持するものとを別々に訓練して、それぞれで得られた各頂点のエンベディングを結合している。両方の目的関数を同時に最適化するやり方については今後の課題としている。

式(2.11)の最適化は、条件付き確率 $p_2(\cdot|v_i)$ を計算する際にすべてのノード集合についての和を計算する必要があるため、計算量が大きい。この問題を解決するため、各エッジ (i, j) の雑音分布に従ったnegative samplingを行う。LINEの計算量は、エッジ数 $|E|$ に比例し、ノード数 $|V|$ にはよらないため、大規模ネットワークにおいて他手法に比べて高速に実行できる。

実験として、言語ネットワーク（Wikipedia）、社会ネットワーク（FlickrとYouTube）、引用ネットワーク（DBLP）を用いてGraph Factorization、DeepWalk、SkipGram、LINEとそのバリエーションについて単語類推や文書分類のタスクにおける優位性を示している。また1次近接性と2次近接性が相補的であると述べられている。LINE［33］のツールやライブラリとしては以下のものがある。

論文
https://doi.org/10.1145/2736277.2741093

著者Tangによるコード
https://github.com/tangjianpku/LINE

paperswithcode.comにおけるサイト
https://paperswithcode.com/method/line

2.3.3　node2vec

node2vecはGroverら［9］によって提案されたグラフエンベディング手法である。前述のDeepWalkは深さ優先サンプリング（後述）によってノード列を得ているが、出発ノードの近傍のノードは少ししかサンプリングされないため、局所的な構造が見落とされがちである。逆に、出発ノードの近傍だけをサンプリングするのでは、大局的な構造が見落とされがちである。node2vecは両者を組み合わせたサンプリングによって、多ラベル分類やリンク予測などのタスクにおいてDeepWalkなどの既存手法を上回る性能を示している。

Groverらは近傍ノードのサンプリングを局所的な探索とみなし、まず以下の2つの極端な探索戦略について検討している。

- **幅優先サンプリング**（Breadth First Sampling, **BFS**）：近傍ノードは出発ノードとエッジで直接結ばれているものに限定する。
- **深さ優先サンプリング**（Depth First Sampling, **DFS**）：近傍ノードは出発ノードからの距離が増えていくものからなる。

前者のBFSでサンプリングすることによって、構造同値（structural equivalence）を反映したエンベディングが得られる。ブリッジやハブなどのグラフ上の役割に基づく構造同値を明らかにするためには、出発ノードと直接つながったノードを観察するだけで十分である。また、BFSによって多くのノードが複数回サンプリングされ、それによって出発ノードの近傍の分布の分散が減る効果もあるが、グラフの非常に限られた部分のサンプリングしかできない。後者のDFSでサンプリングすることによって、グラフの広い範囲のノードをサンプリングできる。得られるエンベディングに対して、近傍の大局的な視点をより正確に反映させることができ、同類性（homophily）に基づくコミュニティを見出すうえで重要である。その一方で、出発ノードからの距離が大きすぎるノードをサンプリングしても、出発ノードとの関係を十分に反映していない場合がある。

node2vecでは、ランダムウォークをコントロールするパラメータとしてpとqを導入する。**図2.2**において、ノードtから隣接ノードvにランダムウォークしたときに、次にノードxを訪れる確率を$\pi_{vx} = \alpha_{pq}(t,\ x) \cdot w_{vx}$とする。$w_{vx}$はノード$v$と$x$の間のエッジの重みを表し、$\alpha_{pq}(t,\ x)$は以下の値である。$d_{tx}$はノード$t$と$x$との最短パス長を表す。

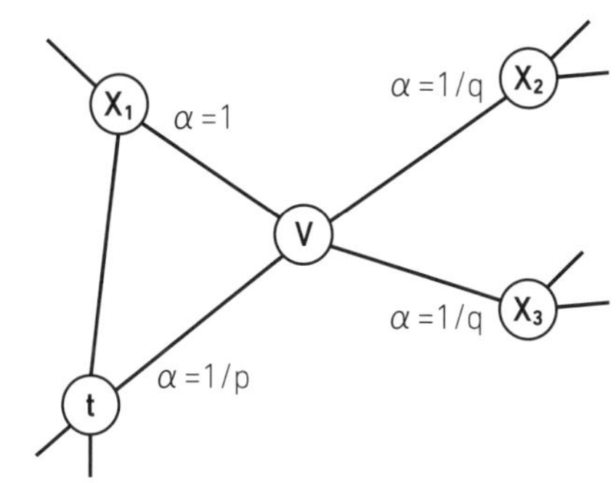

図2.2 node2vecにおけるランダムウォーク

$$\alpha_{pq}(t, x) = \begin{cases} \frac{1}{p} & (d_{tx} = 0 \text{ の場合}) \\ 1 & (d_{tx} = 1 \text{ の場合}) \\ \frac{1}{q} & (d_{tx} = 2 \text{ の場合}) \end{cases}$$

パラメータpはランダムウォークですぐに元のノードに戻る度合いを表している。pの値が大きければ、一度訪れたノードtを訪れる確率が低くなり、逆にpの値が小さければ、一度訪れたノードtに戻る確率が高くなり、ランダムウォークが局所的になる。パラメータqはランダムウォークで離れたノードを訪れる度合いを表している。qの値が大きければ、出発ノードtに近い別のノードへのバイアスがかかったランダムウォークになり、BFSに近い振る舞いになる。逆にqの値が小さければ、出発ノードtからより離れたノードへのバイアスがかかったランダムウォークになり、DFSに近い振る舞いになる。これはDFS的な探索をランダムウォークの枠組みで実現している。したがって、厳密に出発ノードからの距離が増大するサンプリングでない代わりに、ランダムウォークの効率的なサンプリングの恩恵を受けることができる。π_{vx}を1つ前のノードtの関数とすることで、ランダムウォークは2次のマルコフ連鎖（過去の2つのノードの履歴に依存して決まる確率過程）となる。

純粋なBSFやDFSと比べて、計算の際の時間面や空間面で効率的になるとともに、サンプルを再利用することによってさらに効率を高めることができる。

実験では、Les Miserablesの登場人物の共起を表すネットワークでpとqのパラメータを変えたときに結果のエンベディングでの同類性と構造同値の反映がどう変わるかを可視化するとともに、BlogCatalog、PPI、Wikipediaなどのデータセットで多ラベル分類やリンク予測の実験を行い、DeepWalkやLINEと比較して高性能であることを示している。

node2vec［9］のツールやライブラリとしては以下のものがある。

論文
https://doi.org/10.1145/2939672.2939754

著者Groverらによるサイト
https://snap.stanford.edu/node2vec/

paperswithcode.comにおけるサイト
https://paperswithcode.com/method/node2vec

2.3.4 GraRep

GraRep［2］は行列分解に基づくグラフエンベディング手法である。GraRepは大域的な構造情報、すなわちエッジを複数回たどってつながるノード間の関係も考慮したエンベディングを行う。DeepWalkの学習過程において明確でなかった損失関数を明確にするとともに、距離k ($k = 1, 2, 3, \ldots$)でつながったノード間の関係をSkipGramを用いて把握し、kの値ごとに別の空間に埋め込むことでSkipGramの欠点を回避している。

前述のLINEは1次近接性と2次近接性に基づく損失関数を用いていたが、これをk次（$k > 2$）に一般化することは容易でない。GraRepは高階の遷移確率行列を$k=1, 2, \ldots, K$について求め、それをもとにした特異値分解（SVD）によってk次の表現を得て、最後にそれぞれのk次の表現を連結させることによってエンベディングを行う。これは重み付きグラフにも適用可能である。

ノードwからcにちょうどkステップで移動する確率を$p_k(c|w)$とする。kステップの遷移確率行列を$A^k = A \cdots A$としたとき、$p_k(c|w) = A^k_{w,c}$である。ノードwからのkステップの損失関数$L_k(w)$は以下のように定義される。ここでσはシグモイド関数（$\sigma(x) = (1 + e^{-x})^{-1}$）、$\lambda$はnegative samplingの数を表すハイパーパラメータ、$p_k(V)$はグラフのノード上の分布である。$\mathbb{E}_{c' \sim p_k(V)}[\cdot]$はnegative samplingで得られた$c'$が分

布 $p_k(V)$ に従うときの期待値である。

$$L_k(w) = \left(\sum_{c \in V} p_k(c|w) \log \sigma(\vec{w} \cdot \vec{c})\right) + \lambda \mathbb{E}_{c' \sim p_k(V)} [\log \sigma(-\vec{w} \cdot \vec{c'})]$$

GraRepのアルゴリズムは以下の3ステップからなる。

1. k次の遷移確率行列 A^k を求める（$A = D^{-1}S$〔Sは隣接行列、Dは次数行列〕からA^1, A^2, …, A^K を計算する。ここで A_{ij}^k はノードiからノードjへのk次の遷移確率 $p_k(j|i) = A_{ij}^k$ である)。
2. 各々のk次の表現を求める。各 $k = 1$, …, K に対して
   (a) 正のlog確率行列を求める。$\Gamma_j^k = \sum_p A_{pj}^k$ を求めてから、$X_{ij}^k = \log\left(\frac{A_{ij}^k}{\Gamma_j^k}\right) - \log(\beta)$ を求め（βは定数)、X^kの負の値を0にする。
   (b) X^k を特異値分解して表現 W^k を求める。
   $[U^k, \Sigma^k, (V^k)^T] = SVD(X^k)$, $W^k = U_d^k (\Sigma_d^k)^{\frac{1}{2}}$
3. すべてのk次の表現を連結させる$W = [W^1, W^2, \cdots, W^K]$。

実験では、20-Newsgroup、Blogcatalog、DBLPなどのデータセットを用いてクラスタリング、多ラベル分類、可視化を行っている。その結果をLINE、DeepWalk、E-SGNS、Spectral Clusteringと比較して優位性を示している。

GraRep［2］のツールやライブラリとしては以下のものがある。

論文
https://doi.org/10.1145/2806416.2806512

paperswithcode.comにおけるサイト
https://paperswithcode.com/paper/grarep-learning-graph-representations-with

2.4 ニューラルネットワークに基づく手法

グラフエンベディングの手法として次元縮約に基づく手法と、グラフ構造に基づく手法について述べてきた。これらは各ノードのベクトル表現を目的関数の最適化などによって学習する浅いエンベディングのアプローチであった。このようなアプローチの欠点としては、以下のものが指摘されている [11]。

1. 浅いエンベディングはエンコードの際に、ノード間でパラメータを共有しない。エンコーダは各ノードのエンベディングベクトルを直接最適化する。パラメータを共有したほうが効率的になり、また過学習を防ぐ正則化（regularization）にも有効である。計算量の観点からも、パラメータを共有しないとパラメータ数が $O(|V|)$ で増加し、大規模グラフでは計算が困難になる。
2. 浅いエンベディングではエンコードの際に、ノードの特徴（属性）を用いない。多くのグラフデータにおいてノードは豊富な特徴情報を持っており、エンコードに有益である。
3. 浅いエンベディングはtransductiveな（特定の事例から特定の事例への）ものであり、訓練時に存在するノードについてのエンベディングしか生成できない。訓練終了後に観察される新しいノードのエンベディングを得るのは不可能である。このため、浅いエンベディングは未観測のノードへの一般化が必要なinductiveな（特定の事例から一般的な事例への）応用に用いることができない。

これに対して、より深いエンベディングのモデルとして、グラフニューラルネットワークを用いるアプローチもある。グラフニューラルネットワークの詳細については次章で述べるが、グラフの構造だけでなく、各ノードの持つ属性も反映させた表現を学習するニューラルネットワークである。グラフニューラルネットワークのメリットとして、その入力としてノードの持つ属性を用いることができ、inductiveな応用に用いることができる。また、その出力としてノードの表現だけでなく、エッジの表現や、グラフ全体の表現も得ることができる。そのようなグラフニューラルネットワークの具体例としては、GCNやGraphSAGEなどがある。詳細については、第3章で解説する。

また、グラフの低次元の表現を得る方法としては、オートエンコーダによるアプローチもある。オートエンコーダ（AutoEncoder）とは、入力されたベクトルを低次元の潜在表現へと圧縮して、それを再度復元するものである。オートエンコーダのバリエーションである変分オートエンコーダ（Variational AutoEncoder, VAE）は、オートエンコーダにおける低次元の潜在表現を単一のベクトルとするのでなく、平均と分散をもつ分布としてとらえ、デコードの際はその分布からサンプリングして復元する。さらにVAEのバリエーションである変分グラフオートエンコーダ（Variational Graph AutoEncoder, VGAE）は変分オートエンコーダのエンコーダ部分として、グラフニューラルネットワークであるGCNなどを用いている。この変分グラフオートエンコーダも、ニューラルネットワークによって低次元表現を得るアプローチのひとつである。詳細については第4章で解説する。

まとめ_2

この章では基本的なグラフエンベディング手法を大まかに次元縮約に基づく手法、グラフ構造に基づく手法、ニューラルネットワークに基づく手法に分けた。さらに、その中のグラフ構造に基づく手法として、DeepWalk、LINE、node2vec、GraRepについて説明した。

グラフエンベディングの評価方法としては、得られたベクトルを用いた分類やリンク予測における精度を求め、それが向上すれば、そのエンベディングがよいとするものがほとんどである。このようなタスクの精度による評価以外のエンベディングの評価方法としては、以下のようなものがある。

- **可視化**：エンベディング結果を2次元平面や3次元空間で可視化することは、グラフ構造がエンベディング結果に反映されているかを理解するうえで重要である。よいエンベディングの条件として、同じクラスに属するノードのベクトル表現は近くに、異なるクラスに属するノードのベクトル表現は遠くになることが望ましい。
- **計算量**：エンベディングの計算量は、特に大規模グラフにおいて重要である。一般に、次元縮約に基づく手法は計算量が大きいが、グラフ構造に基づく手法はnegative samplingによって計算量を減らすことができる。

本章のグラフエンベディング手法はグラフのノードをユークリッド空間のベクトルに変換するものであるが、非ユークリッド空間へ変換する手法もある。

Zhangらは、11のグラフエンベディング手法を系統立てて比較した[52]。双曲空間（hyperbolic空間）における5手法、ユークリッド空間における4手法、コミュニティ構造に基づく2手法について、100以上の実ネットワークや人工ネットワークを用いて、マッピング精度（mapping accuracy)、貪欲ルーティング（greedy routing)、リンク予測（link prediction）のタスクで比較している。

グラフにおける特徴量（次数分布、モジュラリティ、クラスタ係数）によってこれらの性能がどのような影響を受けるかを見積もるとともに、計算量やパラメータ数を比較している。その結果、ユークリッド空間における手法が全般的に高性能で、hyperbolic空間における手法はlink predictionにおいて高性能ではあるが計算量が大きく、コミュニティ構造に基づく手法はhyperbolic空間における手法と似ているが計算量は比較的小さいとしている。なお、手法の優劣はタスクによっても異なり、hyperbolic空間における手法やコミュニティ構造に基づく手法はグラフの局所的な構造を維持する傾向があり、リンク予測において優れている。一方、ユークリッド空間における手法は大局的な構造を維持する傾向があり、greedy routingにおいて優れていた。

人工ネットワークを用いた実験からは、(1) グラフの密度が上がるにつれて、エンベディング手法の距離を維持する能力が劣化する、(2) グラフのクラスタ係数が上がり、モジュラリティが下がるにつれて、エンベディング手法のgreedy routingに対する能力が向上する、(3) グラフのクラスタ係数が上がり、モジュラリティが上がり、次数分布における不均質性が高まるにつれて、エンベディング手法のリンク予測に対する能力が向上する、と結論づけている。

また、グラフエンベディング手法の比較のためのPythonコードも公開している。

グラフエンベディング手法の比較のためのPythonコード
https://github.com/yijiaozhang/hypercompare

このような手法を比較した論文が出ていること自体が、個々のグラフエンベディング手法の特性についてまだ未解明な点が残されていることを示しているといえる。

無向で重みなしの単純グラフのエンベディングだけでも、非常に数多くの手法が提案されている。さらにグラフにはさまざまなバリエーションが考えられ、例えば頂点に属性が付与されたグラフや、有向グラフ、重み付きグラフ、ノードやエッジが複数種類からなるグラフなどがある。そのようなさまざまなグラフに対するエンベディング手法の研究もなされてきている。

それでもなお残されている課題としては、モチーフなどのネットワーク構造を反映させたエンベディングや、エッジで結ばれた頂点の属性が類似していないような（ヘテロな）グラフのエンベディング、分類などのタスクに特化したエンベディング、動的グラフのエンベディングなどが挙げられる。動的グラフのエンベディングについては、第4章で解説する。

Chapter 3

Graph Neural Networks

第 3 章
グラフにおける畳み込み

この章では、画像認識で用いられる畳み込み演算をグラフに対して行う際の注意点などについて述べ、グラフ畳み込みの2つのアプローチについて説明する。画像認識処理で、与えられた画像（例えば人の顔の画像）を認識するには、顔を構成する目や鼻や口などの各部分の特徴をつかむ必要がある。このような処理を実現する際に、畳み込みはしばしば有効である。畳み込み演算とは、関数gを平行移動しながら、関数fに重ね足し合わせる2項演算のことである。

画像は格子点上に並んだ画素から構成されている。画像認識における畳み込みは、フィルタと呼ばれるサイズの小さい矩形を入力画像上でスキャンさせながら積和演算を行い、フィルタが表すパターンと類似したパターンが入力画像中のどこにあるかを検出する操作に相当する。フィルタを用いた畳み込みによって、その矩形における特定の傾きの境界線の有無などを検出できる。そのような畳み込みを組み合わせていくことによって、個々の画素から構成される入力画像の局所的特徴や、さらに大域的特徴へと階層的に認識していくことができる。

これを拡張し、（画像ではなく）グラフを対象とした畳み込みを行えば、グラフの特徴を認識できるようになると期待される。しかし画像における畳み込みは、格子点上に規則的に存在する画素に対して定義されたものであるため、隣接頂点の数が増減し、かつ局所的でないグラフを対象とした畳み込みに対してはそのまま適用することができない。したがって、グラフのための新たな畳み込みについて考える必要がある。

3.1 グラフ畳み込みにおけるアプローチ

グラフ畳み込みは大きく分けて以下の2つのアプローチがある。この節ではその違いや両者の長所・短所について述べ、以降の節でそれぞれについて説明する。

- Spectralなグラフ畳み込み
- Spatialなグラフ畳み込み

前者のSpectralなグラフ畳み込みは信号処理の考えに基づいたものである。信号処理は音声や画像などの信号を周波数領域へと変換することによって、圧縮やノイズ除去などを効果的に行う。信号処理では関数（例えば音声などの波形）をフーリエ変換によって周波数成分に変換し、そのうえでノイズ除去などをして逆変換をする。これをグラフにおける畳み込みに対応づけるために、グラフラプラシアンの固有ベクトルによる空間への変換・逆変換を行う。このSpectralなグラフ畳み込みは理論的な背景が明確であるが、行列の固有値分解など計算量が大きい処理があり、それを軽減するための工夫がなされてきている。またグラフ構造の一部の変化に対してその影響が全体に及ぶという性質がある。

一方、後者のSpatialなグラフ畳み込みは、個々のノードとエッジで結ばれた周囲のノードの属性情報を集める操作を、畳み込み演算とみなして表現の学習を行っている。これはメッセージパッシングのグラフ畳み込みとも呼ばれている。集める操作やノード自身の表現との結合方法、活性化関数などのそれぞれにおいて多くのバリエーションがある。このSpatialなグラフ畳み込みは直感的に理解しやすく、近年多くの手法が提案されてきている。だがこの手法はバリエーションが非常に多く、Spectralなグラフ畳み込みと比べて理論的な解析が困難であるという欠点がある。

Spectralなグラフ畳み込みとSpatialなグラフ畳み込みは、まったく無関係なアプローチというわけではない。例えばGCN［17］はSpectralなグラフ畳み込みの代表例であるが、これをSpatialなグラフ畳み込みとして解釈することもできる。

3.2 Spectral Graph Convolution

この節では、グラフ畳み込みのアプローチのひとつであるSpectralなグラフ畳み込みについて述べる。グラフに対する畳み込みを実現するために、信号処理における手法をグラフに対して適用するための方向性および課題についても述べる。

3.2.1 フーリエ変換

Spectralなグラフ畳み込みを説明する準備として、まず信号処理について簡単に説明する。

信号とは、時間や空間に伴って変化する任意の量のことであるが、音声などの時間変化する信号を考えることにする。ここでは最も基本的なものとして、音声などの1次元の時系列信号の信号処理を考える。信号処理は、音声や画像などの信号を、時間－周波数解析によって周波数領域へと変換することで、圧縮・伝送・保存等の処理に対して効果的な理論や応用を与えている。従来の信号処理は、どの信号がどの信号と関係があるかなど、信号間の構造への考慮が十分とは言えなかった。一方、グラフ信号処理は、個々の信号だけでなくその構造も加味した理論である。

時系列信号を周波数成分に分解し、その強度や位相を調査することをスペクトル解析という。信号を周波数成分に分解する手法として最も一般的なものはフーリエ変換であり、与えられた信号を、異なる周波数を持つ三角関数の和として表現するものである。音声などの時系列信号を周波数成分ごとの強度の和に変換し、そのうえでノイズに対応する周波数成分をゼロにするなどのフィルタリング処理をしてからフーリエ逆変換をすることによって、ノイズ除去などの信号に対する処理を行うことができる。

時系列信号に対する処理であるフーリエ変換を、グラフに対して適用することを考える。グラフにおいてスペクトル解析に相当する処理をするために必要なのがグラフラプラシアン（Graph Laplacian）である。次項では、グラフラプラシアンとその性質について述べる。

3.2.2　グラフラプラシアン

ノード数nのグラフを表現する際に、$n \times n$の正方行列である隣接行列$\mathbf{A}$がしばしば用いられる。単純無向グラフにおいてノードiとjがエッジで結ばれているならば$A_{ij}=1$、それ以外は$A_{ij}=0$である。グラフラプラシアンとは、隣接行列$\mathbf{A}$をもとに$\mathbf{L}'=\mathbf{D}-\mathbf{A}$で求められる$n \times n$の実対称正方行列である。ここで$\mathbf{D}$は、各ノードの次数を対角成分とし、それ以外の成分が0である次数行列である。それぞれの定義としては、以下のようになる。

$$D_{ij} = \begin{cases} k_i & (i=j\text{の場合}) \\ 0 & (\text{それ以外}) \end{cases}$$

$$L'_{ij} = \begin{cases} k_i & (i=j\text{の場合}) \\ -1 & (i \neq j\text{かつ}A_{ij}=1\text{の場合}) \\ 0 & (\text{それ以外}) \end{cases}$$

例として4つのノードからなるグラフの隣接行列$\mathbf{A}$、次数行列$\mathbf{D}$、グラフラプラシアン$\mathbf{L}'$を**図3.1**に示す。

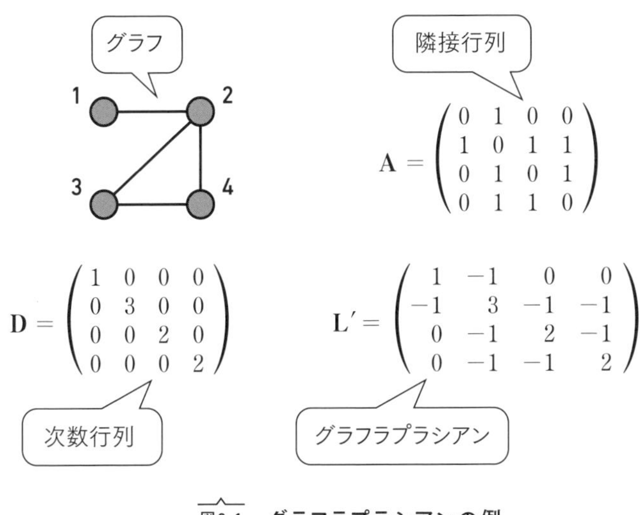

図3.1 **グラフラプラシアンの例**

また$\mathbf{L}'$の式の右辺の左右から$\mathbf{D}^{-\frac{1}{2}}$をかけて得られる以下の式を「正規化グラフラプラシアン」と呼ぶ。$\mathbf{D}^{-\frac{1}{2}}$は各ノードの次数の平方根の逆数を成分とする対角行列である。

(3.1) >>>
$$\mathbf{L} = \mathbf{I} - \mathbf{D}^{-\frac{1}{2}}\mathbf{A}\mathbf{D}^{-\frac{1}{2}}$$

グラフラプラシアンは、ネットワーク分析においては以下の場面などで用いられる。

- グラフ上のランダムウォーク（サンプリングや中心性計算に用いる）
- グラフの連結性の判定
- グラフからのコミュニティ検出

グラフラプラシアン$\mathbf{L}$の固有値をλ_i、対応する固有ベクトルを$\mathbf{u}_i$とすると、固有値や固有ベクトルの定義から $\mathbf{Lu_i} = \lambda_i \mathbf{u_i}$ となる。$\mathbf{L}$ の定義から $\mathbf{L} \cdot \mathbf{1} = 0 \cdot \mathbf{1}$ を満たすことは明らかなので、0はグラフラプラシアンの固有値である。$\mathbf{L}$ の固有値を $0 = \lambda_0 \le \lambda_1 \le \cdots \le \lambda_{n-1}$ と表すことにすると、固有ベクトルを並べてできた行列 $\mathbf{U} = [\mathbf{u_0}, \cdots, \mathbf{u_{n-1}}]$ を利用して次のように表せる。

(3.2) >>>
$$\mathbf{L} = \mathbf{U \Lambda U^T}$$

ここで行列 $\mathbf{\Lambda}$ は $\mathbf{\Lambda} = diag(\lambda_0, \lambda_1, \cdots, \lambda_{n-1})$ で表される対角行列である。

各固有ベクトルに対するスペクトルを、時系列信号における周波数成分と対応づけると、フーリエ変換における考え方がグラフに対しても適用できることになる。信号処理において入力を周波数成分に変換したように、グラフにおいても、グラフラプラシアンの固有ベクトルごとの成分に変換して、そのうえで畳み込みなどの処理を行う。

以下では $\mathbf{L'} = \mathbf{D} - \mathbf{A}$ ではなく正規化グラフラプラシアン $\mathbf{L} = \mathbf{I} - \mathbf{D}^{-\frac{1}{2}}\mathbf{A}\mathbf{D}^{-\frac{1}{2}}$ について考えていく。正規化グラフラプラシアンの性質としては以下のものがある。

- $\mathbf{L} = \mathbf{U \Lambda U^T}$ と分解できる。ここで $\mathbf{U} = [\mathbf{u_0}, \mathbf{u_1}, \cdots, \mathbf{u_{n-1}}]$ は L の固有値ベクトルからなる行列であり、Λ は対応する固有値の対角行列である（$\mathbf{\Lambda}_{ii} = \lambda_i$, $\mathbf{Lu_i} = \lambda_i \mathbf{u_i}$）。
- 正規化グラフラプラシアン $\mathbf{L} = \mathbf{I} - \mathbf{D}^{-\frac{1}{2}}\mathbf{A}\mathbf{D}^{-\frac{1}{2}}$ は実対称半正定値行列である。
- 正規化グラフラプラシアン行列の固有ベクトルは直交である（$\mathbf{U^T U} = \mathbf{I}$）。

上記の$\mathbf{L}$の固有ベクトルから構成される行列$\mathbf{U}$を用い、グラフフーリエ変換を考える。$\mathbf{x} \in \mathbb{R}^N$をノードの特徴ベクトルとすると、グラフフーリエ変換とその逆変換は**図3.2**のように表せる。

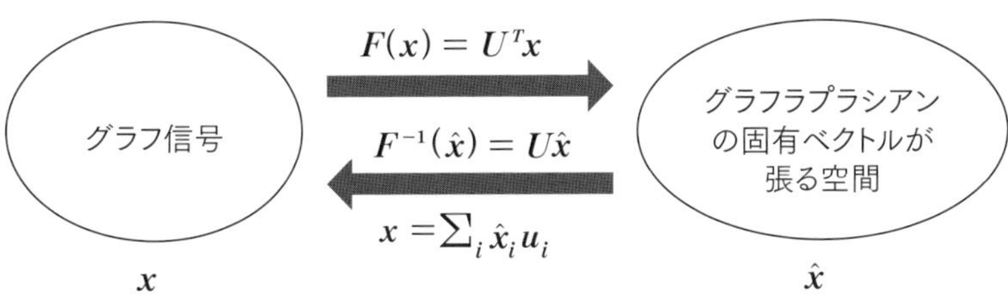

図3.2　グラフフーリエ変換とその逆変換

- グラフフーリエ変換：$\mathbf{F}(\mathbf{x}) = \mathbf{U}^T\mathbf{x}$
- 逆グラフフーリエ変換：$\mathbf{F}^{-1}(\hat{\mathbf{x}}) = \mathbf{U}\hat{\mathbf{x}}$

すなわち、入力グラフ信号を、グラフラプラシアンの固有ベクトルが張る直交空間に射影する操作がグラフフーリエ変換である。その射影先において、以下で述べるような畳み込みを行う。

グラフのノードの特徴ベクトルである入力グラフ信号（n次元ベクトル）$\mathbf{x} \in \mathbb{R}^N$をフィルタ$g_\theta$で畳み込む計算は、$g_\theta$をパラメータ$\theta$が付いたフィルタ、$\mathbf{U}^T$を$\mathbf{U}$の転置行列とすると、(1) $\mathbf{U}^T$によるスペクトル空間への射影、(2) g_θによる畳み込み、(3) $\mathbf{U}$による逆射影で表される。式で表すと次のようになる。

(3.3) >>>
$$g_\theta \star \mathbf{x} = \mathbf{U} g_\theta(\Lambda) \mathbf{U}^T \mathbf{x}$$

(2) のg_θによる畳み込みについて、以下で詳しく述べる。信号xのグラフフーリエ係数$\mathbf{U}^T\mathbf{x}$と、フィルタhのグラフフーリエ係数$\mathbf{U}^T\mathbf{h}$から、そのアダマール積（要素積）によってグラフ畳み込みを計算できる。

(3.4) >>> $$\mathbf{x} \star \mathbf{h} = \mathbf{U}(\mathbf{U}^{\mathrm{T}}\mathbf{x} \circ \mathbf{U}^{\mathrm{T}}\mathbf{h})$$

式(3.4)をもとに、フィルタhのグラフフーリエ係数 $\theta_h = \mathbf{U}^T\mathbf{h} \in \mathbb{R}^{|V|}$ に基づいて、Spectralなグラフ畳み込みを表せる。

(3.5) >>> $$\mathbf{x} \star \mathbf{h} = \mathbf{U}(\mathbf{U}^{\mathrm{T}}\mathbf{x} \circ \theta_h)$$

(3.6) >>> $$= (U diag(\theta_h)\mathbf{U}^{\mathrm{T}})\mathbf{x}$$

ここで $diag(\theta_h)$ は θ_h の値を対角成分にもつ対角行列である。しかし、このようにして定義したフィルタはグラフ構造に依存せず、畳み込みにおいて望ましい性質（例えば局所性）を持っていない。θ_h を意味のあるグラフ畳み込みにするために、θ_h をグラフラプラシアンの固有値に基づいて表す。具体的にはフィルタを、グラフラプラシアンの固有値のN次多項式 $p_N(\Lambda)$ として定義する。この定義により、畳み込みがグラフラプラシアンと可換になる。

(3.7) >>> $$\mathbf{x} \star \mathbf{h} = (\mathbf{U} p_N(\Lambda)\mathbf{U}^{\mathrm{T}})\mathbf{x}$$

(3.8) >>> $$= p_N(\mathbf{L})\mathbf{x}$$

さらに、この定義によって局所性が保証される。k次多項式を用いることで、各ノードでフィルタリングされる信号は距離kまでの近傍の情報に依存する。

上述のように、正規化グラフラプラシアン**L**は以下のようにして求められる。

$$\mathbf{L} = \mathbf{I} - \mathbf{D}^{-\frac{1}{2}}\mathbf{A}\mathbf{D}^{-\frac{1}{2}} = \mathbf{U}\mathbf{\Lambda}\mathbf{U}^{\mathrm{T}} \tag{3.9}$$

Spectralなグラフ畳み込みの議論においては、正規化グラフラプラシアン $\mathbf{L} = \mathbf{D}^{-\frac{1}{2}}\mathbf{L}\mathbf{D}^{-\frac{1}{2}}$ や、正規化隣接行列 $\mathbf{A}_{\mathrm{sym}} = \mathbf{D}^{-\frac{1}{2}}\mathbf{A}\mathbf{D}^{-\frac{1}{2}}$ が用いられることが多い。この理由として、この2つの行列が同じ固有ベクトルで同時に対角化可能であることが挙げられる。すなわち $\mathbf{L} = \mathbf{I} - \mathbf{A}_{\mathrm{sym}}$ のときに、

$$L = \mathbf{U}\mathbf{\Lambda}\mathbf{U}^{\mathrm{T}} \tag{3.10}$$

$$\mathrm{A}_{\mathrm{sym}} = \mathbf{U}(I - \Lambda)\mathbf{U}^{\mathrm{T}} \tag{3.11}$$

となる。ここで $\mathbf{U}$ は共通の固有ベクトルの集合であり、Λ はグラフラプラシアンの固有値の対角行列である。これにより、正規化グラフラプラシアンと正規化隣接行列のどちらかに対して定義したフィルタが他方に対しても使えるという望ましい性質が得られる。

Spectralな畳み込みにおける問題点としては以下の2つが挙げられる。

- グラフラプラシアン $\mathbf{L}$ の固有ベクトルからなる行列が必要になり、行列計算や固有値分解に少なくとも $O(N^2)$ の計算量がかかる。
- フィルタはグラフラプラシアン $\mathbf{L}$ の固有ベクトルの基底に依存しているため、異なる大きさや構造の複数のグラフ間でパラメータを共有できない。

前者については次項で説明するChebNetなどによる近似手法が解決策となり、後者についてはSpatialな畳み込みが解決策となる。

3.2.3 ChebNet

ChebNetは、Spectralな畳み込みにおける**式(3.3)**のフィルタ $g_\theta(\Lambda)$ として、K次までのチェビシェフ多項式を用いたものである。Defferrardらによる元の論文［5］には提案手法の略称の表記はないが、他の論文がこの手法を引用する際にはChebNetやChebyNetという表記が用いられる。

一般に $\cos n\theta$ は $\cos\theta$ の多項式で表せる。その多項式の係数で表されるn次多項式をチェビシェフ多項式 $T_n(x)$ と呼ぶ。例えば、$\cos 2\theta = 2\cos^2\theta - 1$ であることから $T_2(x) = 2x^2 - 1$ であり、また $\cos 3\theta = 4\cos^3\theta - 3\cos\theta$ であることから $T_3(x) = 4x^3 - 3x$ である。一般に $T_{k+2}(x) = 2xT_{k+1}(x) - T_k(x)$ の漸化式が成り立つ。

先の計算量の解決策として、ChebNetは以下の多項式フィルタを提案している。ここで $\theta_0, \cdots, \theta_K$ は多項式の係数、Kは多項式の次数である。Λ は$\mathbf{L}$の固有値の対角行列である。

(3.12) >>>
$$g_\theta(\Lambda) = \sum_{k=0}^{K-1} \theta_k \Lambda^k$$

しかしながら$\mathbf{L}$の固有値分解をする代わりに、フィルタ $g_\theta(\Lambda)$ として、K次までのチェビシェフ多項式で近似すると、以下のように表せる。

(3.13) >>>
$$g_\theta(\Lambda) \approx \sum_{k=0}^{K-1} \theta_k T_k(\tilde{\Lambda})$$

ここで $\tilde{\Lambda} = \frac{2\Lambda}{\lambda_{max}} - I$ であり、λ_{max} はLの最大固有値、$\theta \in \mathbb{R}^{K}$ はここではチェビシェフ多項式の係数のベクトルである。最初に述べたように、Spectralな畳み込みにおいては、ノードに対して定義された入力グラフ信号をグラフラプラシアンの固有ベクトルが張る空間へと射影し、そこで畳み込みを行って逆射影を行う。それを式で表すと以下のようになる。

(3.14) >>> $$x' = \mathbf{U} g_{\theta}(\Lambda) \mathbf{U}^{\mathrm{T}} \mathbf{x}$$

(3.15) >>> $$= \sum_{k=0}^{K} \theta_k \mathbf{U} T_k(\tilde{\Lambda}) \mathbf{U}^{\mathrm{T}} \mathbf{x}$$

(3.16) >>> $$= \sum_{k=0}^{K} \theta_k T_k(\tilde{\mathbf{L}}) \mathbf{x}$$

(3.17) >>> $$= \sum_{k=0}^{K} \theta_k \tilde{\mathbf{x}}_k$$

ここで $\tilde{\mathbf{x}}_k = T_k(\tilde{\mathbf{L}})\mathbf{x}$ で、$\tilde{\mathbf{L}} = \frac{2}{\lambda_{max}}\mathbf{L} - \mathbf{I}$ である。先の T_k についての漸化式 $T_k(x) = 2xT_{k-1}(x) - T_{k-2}(x)$、$T_0(x) = 1$、$T_1(x) = x$ を用いると、$\tilde{x}_k$ も以下のように再帰的に計算できる。

(3.18) >>> $$\tilde{\mathbf{x}}_k = 2\tilde{\mathbf{L}}\tilde{\mathbf{x}}_{k-1} - \tilde{\mathbf{x}}_{k-2}$$

ただし、$\tilde{\mathbf{x}}_0 = \mathbf{x}$, $\tilde{\mathbf{x}}_1 = \tilde{\mathbf{L}}\mathbf{x}$ である。K 次の多項式なので計算量は $O(KM)$（M はグラフのエッジの数、K は多項式の次数）となり、計算量の大きいグラフラプラシアン L の固有ベクトルの計算をしなくて済む点がメリットである。ChebNetはSpectralな畳み込みにおけるフィルタをK次までのチェビシェフ多項式によって近似して、K-localizedな畳み込みをすることで固有ベクトル計算を回避している。Defferrardらの論文では、手書き数字の画像データセットであるMNISTの画像分類やUsenetから収集した約2万のニュースグループ文書である20NEWSのテキスト分類の実験を行い、精度や処理時間について従来法との比較を行っている。ChebNet［5］のツールやライブラリとしては以下のものがある。

論文
https://arxiv.org/abs/1606.09375

著者Defferrardによるコード
https://github.com/mdeff/cnn_graph

paperswithcode.comにおけるサイト
https://paperswithcode.com/paper/convolutional-neural-networks-on-graphs-with

3.2.4 GCN

GCN（Graph Convolutional Networks）［17］は、KipfとWellingによって提案された代表的なSpectralなグラフ畳み込みネットワークである。GCNはChebNetをベースに、以下のような工夫をすることで高速でスケールするグラフ畳み込みを実現している。

- 1次のチェビシェフ近似
- $\lambda_{max}=2$ による式の単純化
- パラメータの減少
- renormalization trick

まず最初の「1次のチェビシェフ近似」については、先述のChebNetの**式(3.16)**において$K=1$とすることによって、次数分布が広いグラフでの過適合を回避している。

次の「$\lambda_{max}=2$ による式の単純化」については、先述のChebNetでの $\tilde{\boldsymbol{L}}=\frac{2}{\lambda_{max}}\boldsymbol{L}-\boldsymbol{I}$ における近似であり、ニューラルネットワークの訓練中にこの変化に適合すると期待されるとしている。先ほどの $K=1$ と合わせて以下の式が得られる。

(3.19) >>> $$x'=\theta'_0 x+\theta'_1(\boldsymbol{L}-\boldsymbol{I})x=\theta'_0 x-\theta'_1\boldsymbol{D}^{-\frac{1}{2}}\boldsymbol{A}\boldsymbol{D}^{-\frac{1}{2}}x$$

その次の「パラメータの減少」は、上記の式において $\theta=\theta'_0=-\theta'_1$ とすることによって単一パラメータの**式(3.20)**を得ることができる。これによって過適合を回避している。

(3.20) >>> $$x'=\theta\left(\boldsymbol{I}+\boldsymbol{D}^{-\frac{1}{2}}\boldsymbol{A}\boldsymbol{D}^{-\frac{1}{2}}\right)x$$

最後の「renormalization trick」は、上記の**式(3.20)**で各ノードへの自己ループを加えた $\tilde{\boldsymbol{A}}=\boldsymbol{A}+\boldsymbol{I},\ \tilde{\boldsymbol{D}}_{ii}=\sum_j\tilde{\boldsymbol{A}}_{ii}$ を導入する。これで $\boldsymbol{I}+\boldsymbol{D}^{-\frac{1}{2}}\boldsymbol{A}\boldsymbol{D}^{-\frac{1}{2}}\rightarrow\tilde{\boldsymbol{D}}^{-\frac{1}{2}}\tilde{\boldsymbol{A}}\tilde{\boldsymbol{D}}^{-\frac{1}{2}}$ として勾配消失などの不安定さを回避している。

実験においては、論文間の引用ネットワーク（Citeseer、Cora、Pubmed）や概念間の関係を表すナレッジグラフ（NELL）を用いた分類問題で精度比較を行ってGCNの優位性を示すとともに、提案手法の一部を変えたものとの性能比較を行っている。さらに今後の課題として、以下のものを挙げている。

- **要求されるメモリ**：GCNではデータセットのサイズに比例して要求されるメモリも増大する。訓練データの一部を用いる

mini-batchによる確率的勾配降下法であれば問題が軽減されるが、mini-batch生成の際にGCNモデルの層の数を考慮する必要がある。

- **有向辺・辺の属性**：GCNは無向グラフのみを対象としており、エッジの属性も扱わないが、付加的なノードを加えた無向2部グラフによってナレッジグラフ等の有向グラフを扱えると期待される。
- **仮定への制限**：renormalization trickとして自己ループを加えた $\tilde{\boldsymbol{A}} = \boldsymbol{A} + \boldsymbol{I}$ を導入したが、データセットによってはtrade-off parameterを導入した $\tilde{\boldsymbol{A}} = \boldsymbol{A} + \lambda \boldsymbol{I}$ のほうがよい可能性がある。

GCN [17] のツールやライブラリとしては以下のものがある。

論文
https://arxiv.org/abs/1609.02907

著者Kipfによるコード
https://github.com/tkipf/gcn

著者Kipfによるサイト
https://tkipf.github.io/graph-convolutional-networks/

3.3 Spatial Graph Convolution

前節で述べたSpectralなグラフ畳み込みにおいては、効率、一般性、柔軟性に関して以下のような欠点が指摘されている。

- **効率**：隣接行列から固有値を計算したりグラフ全体を扱ったりするため、グラフが大きくなると計算量が爆発する。グラフ畳み込みを実行するにはグラフ全体をメモリにロードする必要があり、大規模なグラフを扱うことが困難である。
- **一般性**：Spectralなグラフ畳み込みはグラフ構造が固定という前提であり、異なるグラフへの一般化が困難である。学習したフィルタは、他の構造のグラフには適用できない。
- **柔軟性**：有向グラフのグラフラプラシアンの定義が定まっていないため、Spectralなグラフ畳み込みは無向グラフしか扱えない。グラフに対する変動があると、基底である固有ベクトルに変動を及ぼしてしまう。

この節では、Spatialなグラフ畳み込みについて述べる。Spectralなグラフ畳み込みが、グラフ信号処理の立場に基づいたアプローチであったのに対し、Spatialな畳み込みは、ノードの表現を学習するにあたって、その周囲のノードの表現を利用して更新していくことによってグラフ構造を反映した表現学習を行う。

画像の畳み込みにおいては、画素は格子状に並んでおり、各画素は周囲の画素に規則的に囲まれている。畳み込みのフィルタのサイズも例えば3×3のように固定できる。それに対してグラフは周囲のノード数が固定ではなく、またノードも順序づけられていないため、画像における畳み込みをそのまま適用することができない。以下では、グラフを対象としたSpatialな畳み込みのいくつかの例を紹介する。

3.3.1 PATCHY-SAN

Niepertら［25］は、グラフに対する畳み込みにおける問題として、近傍グラフが作られるノード列の決定と、近傍グラフの正規化の計算の2つを挙げ、任意のグラフにおいてそれらの問題を解決する方法としてPATCHY-SANを提案している。

この手法では、グラフ同士の類似度を測るのにグラフカーネルであるWeisfeiler-Lehman（WL）カーネルを用いている。まず、WLカーネルで付けたラベルでノードをソートし、グラフから一定数（w）のノードを選び、それぞれについて距離が近いk個のノードを選んで順序づけして行列を得る。これをノードの属性a_vごとに繰り返すことで$w \times k \times a_v$のテンソルを作成する。このテンソルを使って画像と同じように畳み込みを行う。グラフ分類の実験から、WLカーネルは他のグラフカーネルと比較して高精度で高速であることがわかっている。

PATCHY-SANの手法の特徴としては、次の3つを挙げることができる。

- 計算量がノード数に対してほぼ線形であり大規模グラフに対して適用可能である。
- 学習した特徴の可視化の機能を有し、それによってグラフの構造を見出すことができる。
- 特徴量の人手による作り込みをすることなく、対象領域に依存した特徴を学習することができることが挙げられる。

欠点としては、畳み込みが（学習ではなく前処理である）グラフラベリングに強く依存することと、ノードを1次元で順序づけすることは自然な選択とは言えないことが挙げられる。また、グラフラベリングはグラフ構造だけを考慮しており、ノードの特徴を考慮していない。

PATCHY-SAN［25］のツールやライブラリとしては以下のものがある。

論文
https://arxiv.org/abs/1605.05273

コード
https://github.com/Lookuz/PATCHY-SAN

paperswithcode.comにおけるサイト
https://paperswithcode.com/paper/learning-convolutional-neural-networks-for

3.3.2 DCNN

DCNN（Diffusion-Convolutional Neural Networks）［1］は、畳み込みを拡張し、長さKの遷移行列のべき級数で畳み込みを定義するアルゴリズムである。画像における畳み込みのように周囲のピクセルだけを見るのでなく、グラフにおけるKホップ先までを近傍としている。行列のべき乗列として拡散（diffusion）を定義した拡散畳み込み演算（diffusion-convolution operation）が特徴であり、以下の利点がある。

- ノード分類タスクでの精度向上
- ノード特徴、エッジ特徴、構造特徴を扱える柔軟性
- 既存のGPUライブラリを使った多項式時間のテンソル操作による効率的な実装

具体的には、ノード分類の際は以下のような式で畳み込みを定義し

ている。

$$Z = f(W^C \odot P^* X) \tag{3.21}$$

ここでXは$N \times F$の入力特徴テンソル（Nはグラフのノード数、Fは各ノードの特徴数）、P^*はグラフの隣接行列Aの次数正規化行列Pのべき級数$\{P, P^2, \cdots, P^K\}$を含む$N \times K \times N$のテンソル、W^Cは$K \times F$の重みを表し、Zは各ノードの表現を表す$N \times K \times F$のテンソルである。$\odot$は要素ごとの積を表す演算子である。グラフ分類の場合は各ノードの表現の平均をグラフの表現としている。またDCNNはプーリングを行わない。

$$Z = f(W^C \odot 1_N^T P^* X / N) \tag{3.22}$$

実験では、ノード分類に対してはCoraやPubmedなどの引用ネットワークを用いた精度やF値において、ロジスティック回帰や確率的関係モデル、グラフカーネルに基づく手法と比較しても良い結果を出している。またグラフ分類に対しては、MUTAGやENZYMESなどのデータセットを用いた精度やF値において、ロジスティック回帰やWeisfeiler-Lehmanグラフカーネルなどと比較しても良い結果を出している。一方、DCNNの限界としてスケーラビリティと局所性が挙げられている。

- **スケーラビリティ**：DCNNは密なテンソルを扱うため、大規模なテンソルP^*の保持に$O(N^2K)$のメモリが必要であり、大規模グラフではGPUで処理できない。

- **局所性**：DCNNは拡散（diffusion）に基づいて局所的な構造を認識する。そのため、局所的でない（大局的な）依存関係などを認識できない。

DCNN［1］のツールやライブラリとしては以下のものがある。

論文
https://arxiv.org/abs/1511.02136

コード
https://github.com/jcatw/dcnn

paperswithcode.comにおけるサイト
https://paperswithcode.com/paper/diffusion-convolutional-neural-networks

3.3.3 GraphSAGE

従来のtransductiveな（特定の事例から特定の事例への）エンベディング手法においては、すべてのノードが訓練中に見えていなくてはいけないが、現実の応用では未知あるいは未観測のノードや部分グラフに対するinductiveな（特定の事例から一般的な事例への）方法でのエンベディングが必要である。HamiltonらによるGraphSAGE（SAmple and aggreGatE）［10］はinductiveなグラフの表現学習を行う手法であり、以下の3つの段階からなる。それぞれについて以下で述べる。

1. 近傍ノードのサンプリング
2. 近傍からの特徴量の集約
3. 集約した特徴をもとにしたグラフのコンテキストやラベルの予測

1. 近傍ノードのサンプリング

グラフのノードの表現学習にあたり、GraphSAGEではすべての近傍を用いずに、サンプリングによって近傍ノードの数を固定にする。これによりグラフ畳み込みにおける問題を回避している。GraphSAGEは、グラフが同型（isomorphic）かどうか調べるWeisfeiler-Lehman（WL）同型テストと関係がある。WL同型テストは幅広いクラスのグラフにおける同型性の判定を行うことができる。GraphSAGEはWL同型テストの近似であり、WL同型テストにおけるハッシュ関数を学習可能なニューラルネットワークの集約と置き換えたものである。

2. 近傍からの特徴量の集約

GraphSAGEは近傍ノードの表現を集約（aggregation）して、自身のノードの表現を更新する。集約の際の近傍の距離としては$K=2$がよく、それ以上はわずかな性能向上に比べて計算時間が近傍のサンプルサイズによっては非常に増大（10〜100倍）する。集約のやり方として、平均、再帰型ニューラルネットワークの一種であるLSTM、プーリングの3通りを実験し、平均に比べてLSTMとプーリングによる集約の方が若干性能が良かったことや、LSTMは計算時間がかかることなどがGraphSAGEの論文中で述べられている。

3. 集約した特徴をもとにしたグラフのコンテキストやラベルの予測

得られた表現をもとに、引用ネットワーク、Redditの投稿ネットワーク、タンパク質インタラクションネットワークを用いたノード分類およびグラフ分類の実験を行っている。その結果、GraphSAGEがDeepWalkなどと比較して高精度の分類を実現していることを示している。

GraphSAGEは、Spatialなグラフ畳み込みの代表的な例として知られており、グラフニューラルネットワークの研究におけるベースラインとして非常によく用いられている。

GraphSAGEのツールやライブラリとしては以下のものがある。

論文
https://arxiv.org/abs/1706.02216

コード
https://github.com/williamleif/GraphSAGE

著者Hamiltonらによるサイト
http://snap.stanford.edu/graphsage/

paperswithcode.comにおけるサイト
https://paperswithcode.com/paper/inductive-representation-learning-on-large

まとめ_3

この章ではSpectralなグラフ畳み込みと、Spatialなグラフ畳み込みについて述べた。この章の冒頭でも述べたが、両者はまったく無関係なアプローチというわけではない。例えばGCN [17] は、Spectralなグラフ畳み込みの代表的な例であり、以下のように表せる。

$$H^{(k)} = \sigma(\tilde{A}H^{(k-1)}W^{(k)}) \tag{3.23}$$

ここで $\tilde{A} = (D+I)^{-\frac{1}{2}}(I+A)(D+I)^{-\frac{1}{2}}$ は自己ループを加えて正規化した隣接行列であり、$W^{(k)}$ は学習可能なパラメータ行列である。このモデルは $I+A$ に基づく単純なグラフ畳み込みに学習可能パラメータと非線形関数を組み合わせたものである。これをSpatialなグラフ畳み込みとして解釈することもできる。

$$H^{(k)} = \sigma(AH^{(k-1)}W^{(k)}_{neighbor} + H^{(k-1)}W^{(k)}_{self}) \tag{3.24}$$

すなわち、$I+A$ に基づく単純なグラフ畳み込みは、近傍のノードから集めてきた情報をノード自身の情報と組み合わせたものと同じである。

Chapter 4

Graph Neural Networks

第 4 章

関連トピック

この章では、グラフニューラルネットワークの関連トピックについて述べる。

深層学習におけるさまざまなトピックをグラフへと拡張したものが提案されてきており、以下ではグラフオートエンコーダ、attention、敵対的攻撃、説明可能性などについて述べる。さらにグラフニューラルネットワークの単純化や、グラフニューラルネットワークの可能性や限界などについても述べる。

4.1 グラフオートエンコーダ

オートエンコーダは、与えられたデータを潜在空間における低次元ベクトルにエンコードする教師なし学習を行うニューラルネットワークである（**図4.1**）。低次元ベクトルから元の入力を復元（デコード）できるか否かによって、オートエンコーダの性能を検証できる。オートエンコーダの応用としては、画像のノイズ除去やクラスタリングなどがある。

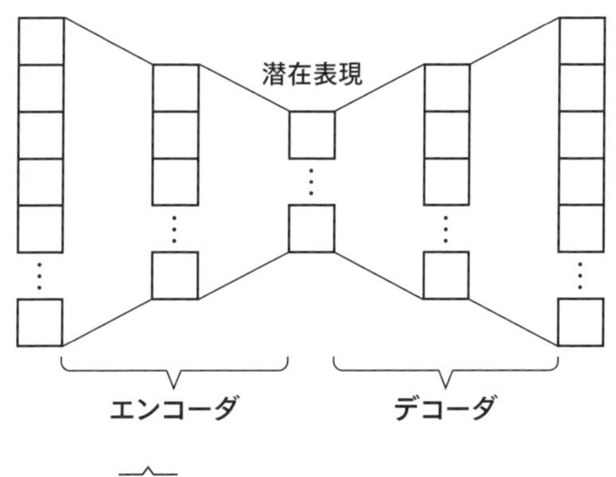

図4.1 オートエンコーダ

オートエンコーダを拡張し、グラフを入出力としたものがグラフオートエンコーダである。その際、ノードの属性も利用するか、エンコーダとデコーダとして何を使うか、何を目的関数とするかなどによって多くのバリエーションがある[51]。

グラフオートエンコーダの例として、Structural Deep Network Embedding (SDNE)[37]について述べる。SDNEは1次の近接性と2次の近接性を同時に維持することを目指した多層オートエンコーダ(Stacked AutoEncoder)である。多層オートエンコーダとは、まず中間層1層だけでオートエンコーダを作って学習させ、次にその中間層を入力層とみなしたオートエンコーダの積み上げを繰り返して多層化したものである。SDNEの1次の近接性は以下の式で表される。

(4.1) >>>

$$L_{1st} = \sum_{i,j=1}^{n} \mathbf{A}_{i,j} \| \mathbf{h}_i^{(K)} - \mathbf{h}_j^{(K)} \|_2^2$$

ここで $\mathbf{h}_i^{(K)}$ はノード i の表現の低次元ベクトルで、(K) は K 番目の層(K は隠れ層の数)であることを表している。2次の近接性は以下の式で表される。

(4.2) >>>

$$L_{2nd} = \sum_{i=1}^{n} \| (\hat{\mathbf{x}}_i - \mathbf{x}_i) \odot \mathbf{b}_i \|_2^2$$

ここで $\mathbf{x}_i$ は入力の隣接行列のi行目（ノード i の他ノードへの接続の有無を表すベクトル）、$\hat{\mathbf{x}}_i$ はオートエンコーダの出力の行列の i 行目、b_i は他のノードへの接続の有無の食い違いにペナルティを与えるベクトルで、$A_{i,j} = 0$ ならば $b_{i,j} = 1$ 、$A_{i,j} = 1$ ならば $b_{i,j} = \beta > 1$（β はハイパーパラメータ）である。これらを使えば、SDNEの目的関数は以下のように定義できる。

(4.3) >>>

$$L = L_{2nd} + \alpha L_{1st} + \lambda L_{reg}$$

ここで α と λ はハイパーパラメータ、L_{reg} は過適合を防ぐためのL2正則化項である。

(4.4) >>>

$$L_{reg} = \frac{1}{2} \sum_{k=1}^{K} (\| W^{(k)} \|_F^2 + \| \hat{W}^{(k)} \|_F^2)$$

SDNEの論文［37］やライブラリとしては以下のものがある。

論文
https://doi.org/10.1145/2939672.2939753

paperswithcode.comにおけるサイト
https://paperswithcode.com/paper/structural-deep-network-embedding

上述のオートエンコーダは、入力されたデータを潜在空間における

低次元ベクトルとして表現する。これに対し、変分オートエンコーダ（Variational AutoEncoders）は、オートエンコーダの潜在空間における表現を、低次元ベクトルという1つの点で表すのでなく、潜在空間の確率分布として表現するものである（**図4.2**）。これは潜在空間が離散的ではなく連続的であるとみなしており、デコードの際には、その確率分布からサンプリングを行って低次元ベクトルを得て、それをデコードして出力を行う。このような生成モデルを学習することによって、画像認識における画像分類や、与えられた画像に似た人工的な画像の生成などが可能になる。

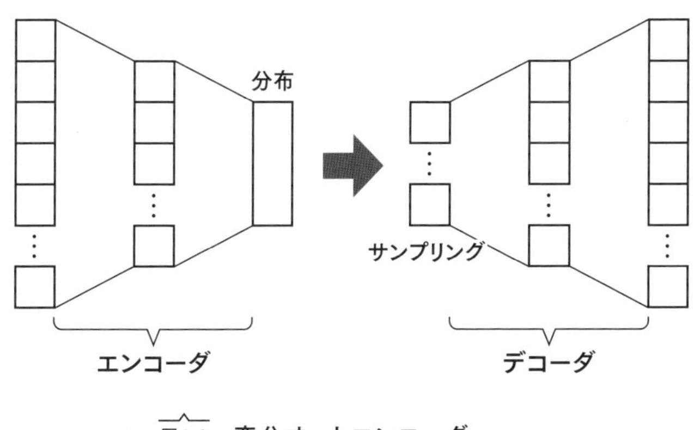

図4.2　変分オートエンコーダ

変分グラフオートエンコーダ（Variational Graph AutoEncoder）は、変分オートエンコーダのエンコーダの部分にグラフ畳み込みネットワーク（GCNなど）を用いることでグラフの潜在空間での表現を学習するものである。代表的な例としてKipfらによるもの［16］では、エンコーダとして2層のGCNによって潜在空間の表現における平均μと標準偏差σ^2を学習する。デコーダは、その確率分布からサンプリングを行って得られる低次元ベクトルの内積に活性化関数を作用させたものである。目的関数としては、オートエンコーダの入力と出力との差を表す再構成損失（reconstruction loss）と、潜在空間の表現における分布と正規分布 $N(0,1)$ との分布間距離（KL-divergence）で表され、それを最適化することで学習を行う。

実験においては、Cora、Citeseer、Pubmedのデータセットを用いてリンク予測を行い、スペクトラルクラスタリングやDeepWalkなどと比較して高精度であることを示している。

4.2 GAT

深層学習におけるattention（注意）とは、画像や自然言語の特定の部分に注意を向けるよう学習させる手法である。例えば自然言語処理においては入力された単語列をベクトル表現に変換し、それをさらにターゲットとなる列（例えば翻訳した単語列）に変換するEncoder-Decoderモデルが用いられることがしばしばある。このようなEncoder-Decoderモデルにおけるattentionは、query（クエリ）とkey-value（キー・バリュー）のペアの集合を出力へとマッピングする。ここでquery、key、valueはすべてベクトルである。queryに一致するkeyを見つけ、それに対応するvalueの重み和として出力を求める。依存関係の学習にあたっては、RNNを用いることが多かったが、Transformerはattentionを使用したEncoder-Decoderモデルによって、RNNやCNNを用いることなく精度も計算量も改善しており、自然言語処理における最近の有力モデル（BERTやGPT-2など）のベースとなっている。

グラフ畳み込みにおける集約では、近傍からの情報をすべて対等に扱うものや、あらかじめ重みが与えられているものが多かった。しかし、近傍からの影響は一般に大きく異なるものであり、あらかじめ重みを与えるより訓練中に学習すべきものである。Velickovicらによる Graph Attention Networks（GAT）[36]は、sequence（自然言語の単語列など）に対するタスクにおいてデファクトスタンダードとなっているattentionをグラフ学習に適用したものである。畳み込みでなく、attentionを用いることの特徴として、Velickovicらは以下のものを挙げている。

- 並列化可能のため効率的な計算ができる。
- 近傍に任意の重みを割り当てることで次数の違うノードにも適用可能である。
- 帰納的なアプローチであり、モデルは未知のグラフ構造にも一般化可能である。

GATにおいてattentionを実現するgraph attention layerは、ノード特徴集合 $\mathbf{h} = \{\vec{h}_1, \vec{h}_2, \cdots, \vec{h}_N\}$, $\vec{h}_i \in \mathbb{R}^F$ (Nはノード数、Fは各ノードの特徴数）およびグラフを入力として、新たなノード特徴集合 $\mathbf{h}' = \{\vec{h'}_1, \vec{h'}_2, \cdots, \vec{h'}_N\}$, $\vec{h}_i \in \mathbb{R}^{F'}$ を出力する。入力された特徴集合を変換する十分な表現力を持つために、少なくとも1つの学習可能な線形変換が必要であり、そのために重み行列 $\mathbf{W} \in \mathbb{R}^{F' \times F}$ が各ノードに適用される。次にattention $a : \mathbb{R}^{F'} \times \mathbb{R}^{F'} \to \mathbb{R}$ をもとに以下の式に示すattention係数（attention coefficient）を計算する。これはノードiに対するノードjの特徴の重要度を示している。いわば2つのノード表現間の関連の強さを表している。

(4.5) >>>

$$e_{ij} = a(\mathbf{W}\vec{h}_i, \mathbf{W}\vec{h}_j)$$

ここでは任意のjであるため、グラフでノードiの近傍である$j \in N_i$に対してだけe_{ij}を計算するグラフ構造を加味したmasked attentionを導入する。GATでは（i自身を含む）距離1の近傍を考慮する。他のノードの値と同等のものにするため、以下のsoftmax関数を用いて正規化を行う。

(4.6) >>>
$$\alpha_{ij} = \mathrm{softmax}_j(e_{ij}) = \frac{e^{e_{ij}}}{\sum_{k \in N_i} e^{e_{ik}}}$$

この枠組みはattentionの選択によらない汎用のものであるが、GATの論文ではattention aとして一層の順伝播型ニューラルネットワークを使用しており、これは$\vec{a} \in \mathbb{R}^{2F'}$の重みベクトルとして表せる。また活性化関数としてLeakyReLUを用いる。その結果α_{ij}は以下の式で計算される。ここで$\cdot^{\mathrm{T}}$は転置を、$||$は連結（concatenation）を表す。

(4.7) >>>
$$\alpha_{ij} = \mathrm{softmax}_j(e_{ij}) = \frac{e^{LeakyReLU(\vec{a}^T[\mathbf{W}\vec{h}_i \| \mathbf{W}\vec{h}_j])}}{\sum_{k \in N_i} e^{LeakyReLU(\vec{a}^T[\mathbf{W}\vec{h}_i \| \mathbf{W}\vec{h}_k])}}$$

自己注意（self-attention）の学習過程を安定させるうえで、Transformerなどと同様に、マルチヘッド注意（multi-head attention）が非常に都合が良い。それぞれが異なるパラメータを持つK個の独立なattentionによって計算され、その出力は連結や加算によって集約される。

実験ではtransductiveな学習として、Cora、Citeseer、Pubmedを用いたノード分類を行っており、DeepWalkやChebNet、GCNなどと比較してGATが高精度な分類を行っていることを示している。またinductiveな学習として、タンパク質間相互作用（protein-protein interaction，PPI）データセットを用いたグラフ分類を行っており、MLPやGraphSAGEなどと比較してGATが高精度な分類を行っていることを示している。

GATの論文の冒頭には、グラフ畳み込みネットワークの関連研究がまとめられており、よいサーベイとなっている。attentionベースのアプローチは、自然言語処理ではデファクトスタンダードになっており、画像処理においてもattentionベースの研究が進められている。グラフに対しても、例えばGraph Transformer Networks［50］などの研究がある。

グラフの世界でも「Attention is All You Need」[35]となるかは、今後のグラフニューラルネットワークの研究に委ねられている。

GAT[36]のツールやライブラリとしては以下のものがある。

論文
https://arxiv.org/abs/1710.10903

コード
https://github.com/PetarV-/GAT

著者Velickovicらによるサイト
https://petar-v.com/GAT/

paperswithcode.comにおけるサイト
https://paperswithcode.com/paper/graph-attention-networks

4.3 SGC

グラフニューラルネットワークを工夫してさらに高い性能を実現する取り組みは多いが、不必要に複雑になったり冗長な計算を要している可能性がある。それとは逆の方向の研究として、Simple Graph Convolution（SGC）[39] がある。SGCは非線形性を除去し、連続する層間の重み行列をつぶすことで、過剰な複雑さをなくしている。このようにして得られた線形モデルを数学的に分析し、このモデルがローパスフィルタと線形分類器を組み合わせたものに対応することを示している。ローパスフィルタとは、グラフラプラシアンの小さい固有値に対応する固有ベクトル（低周波成分）が増幅され、逆にグラフラプラシアンの大きい固有値に対応する固有ベクトル（高周波成分）が減衰されるフィルタのことである。

さらに実験的な評価により、これらの単純化が多くのアプリケーションにおいて精度に悪影響を及ぼさないことを示している。結果として得られたモデルは、より大きなデータセットに対応し、自然な解釈が可能であり、他の最新型の手法に比べて大幅なスピードアップを実現している。

GCNなどの通常のグラフ畳み込みにおいては、(1) グラフの周囲のノードからの特徴伝播、(2) 線形変換、(3) 非線形（活性化）関数適用の3つを繰り返すことで表現の学習を行っている。式で表すと、入力のノード表現を $H^{(0)} = X = [x_1, \cdots, x_n]^{\mathrm{T}}$ とすると、(1) (2) (3) はそれぞれ以下の**式(4.8)**、**式(4.9)**、**式(4.10)**のようになる。

$$\overline{\mathbf{H}}^{(k)} \leftarrow \mathbf{S}\mathbf{H}^{(k-1)} \tag{4.8}$$

$$\overline{\mathbf{H}}^{(k)} \leftarrow \overline{\mathbf{H}}^{(k)}\Theta^{(k)} \tag{4.9}$$

$$\mathbf{H}^{(k)} \leftarrow ReLU\left(\overline{\mathbf{H}}^{(k)}\right) \tag{4.10}$$

最後にsoftmax関数を使って分類を行っている。

$$\hat{\mathbf{Y}}_{GCN} = \mathrm{softmax}(\mathbf{S}\mathbf{H}^{(K-1)}\Theta^{(K)}) \tag{4.11}$$

SGCにおいては、**式(4.10)**の非線形関数は重要でないとして除去し、最後のsoftmax関数だけを残したものを考える。

$$\hat{\mathbf{Y}}_{SGC} = \mathrm{softmax}(\mathbf{S}\cdots\mathbf{S}\mathbf{S}\mathbf{X}\Theta^{(1)}\Theta^{(2)}\cdots\Theta^{(K)}) \tag{4.12}$$

これの**式(4.8)**のSの繰り返し乗算を$\mathbf{S}^K$で置き換え、(2)の重みを1つの行列$\Theta = \Theta^{(1)}\Theta^{(2)}\cdots\Theta^{(K)}$とすると、SGCは最終的に以下の式で表される。

$$\hat{\mathbf{Y}}_{SGC} = \mathrm{softmax}(\mathbf{S}^K\mathbf{X}\Theta) \tag{4.13}$$

SGCは、GCNの非線形性を取り除いて重み行列をつぶしたもので、本質的には線形モデルである。SGCにおいては複雑なパラメータが少なく、解釈可能であり、非常に高速である。性能評価のタスクとして、テキスト分類、半教師ありユーザー位置情報検出、関係抽出、ゼロショット画像分類、グラフ分類において、他の最新型の手法と同等の性能を示すとともに大幅なスピードアップを実現している。また、グラフ信号処理の観点から分析を行っており、SGCはグラフスペクトル領域におけるローパスフィルタ（低周波成分は強く、高周波成分を弱める役割）の役割を果たしているとしている。グラフにおいては類似したノードがエッジで結ばれることが多く、そのようなタスクの多くにおいてローパスフィルタは有効に働く。

SGC［39］のツールやライブラリとしては以下のものがある。

論文

https://arxiv.org/abs/1902.07153

コード

https://github.com/Tiiiger/SGC

paperswithcode.comにおけるサイト

https://paperswithcode.com/paper/simplifying-graph-convolutional-networks/

4.4 GIN

高性能なグラフニューラルネットワークが多数提案されているが、その構造をデザインする際に経験的な直感やヒューリスティック、実験的な試行錯誤に頼っているものも多い。グラフニューラルネットワークの特性や限界についての理論的な理解は十分ではない。Xuらの「How Powerful are Graph Neural Networks?」[42]ではそのような議論のための枠組みを示している。

この論文で提案されたGINは、近傍ノードの特徴ベクトルを（要素の重複を許す）多重集合（multiset）として表し、グラフニューラルネットワークにおける近傍の集約をmultisetの集約関数と考える。したがって、表現力の高いグラフニューラルネットワークとするためには、グラフニューラルネットワークは異なるmultisetの集約結果を異なる表現にする必要がある。さらにこの論文では、さまざまなmultisetの関数を調べてその識別能力（すなわち異なるmultisetを集約関数がどの程度区別できるか）を理論的に特徴づけている。multisetの関数の識別能力が高いほど、そのグラフニューラルネットワークの表現力が高いことが示されている。この論文の貢献としては、以下のものが挙げられる。

- グラフ構造の識別において、グラフニューラルネットワークは高々WL同型テストと同程度の能力しかないことを示した。
- グラフニューラルネットワークがWL同型テストと同程度の能力となるための近傍の集約とグラフreadout関数の条件を明確にした。

- GCNやGraphSAGEなどの一般的なグラフニューラルネットワークでは識別できないようなグラフ構造を示し、これらのグラフニューラルネットワークが識別できるグラフ構造を特徴づけた。
- 単純な構造のGraph Isomorphism Network（GIN）を提案し、これがWL同型テストと同程度の識別能力を持つことを示した。

GraphSAGEのところでも述べたが、WL同型テスト（Weisfeiler-Lehman graph isomorphism test）は、与えられたグラフが同型か否かを判定する際にしばしば用いられるアルゴリズムである。multisetは集合を拡張した概念であり、（集合とは異なり）同じ値の要素が複数回出現することを許す集合である。グラフニューラルネットワークにおけるノード表現の学習は、グラフにおける周辺ノードの表現を集約することによって行われる。その際の集約の性質によって、グラフニューラルネットワークの識別能力が変わってくる。

表現能力が高いグラフニューラルネットワークにするには、多重集合を維持するような集約、すなわち集約が単射の多重集合関数となるものであることが望ましい。しかしながら、異なるグラフを異なるエンベディング空間に射影するということは、（困難な）グラフ同型問題（graph isomorphism problem）を解くことを意味する。同型なグラフが同じ表現に射影され、非同型なグラフが異なる表現に射影されることが望ましいが、ここではそれより少し弱い基準によってグラフニューラルネットワークの表現能力を特徴づける。それはヒューリスティックなWL同型テストであり、正則グラフなどのいくつかの例外を除いては、一般に正しくグラフを識別することが知られている。任意の集約ベースのグラフニューラルネットワークのグラフ識別能力は、せいぜいWL同型テストの識別能力までしかない。またグラフニューラルネットワークがWL同型テストと同等の識別能力になるための条件は、近傍ノードの集約と、ノード表現からのグラフの表現生成（readout）が単射であることである。

グラフニューラルネットワークに求められる性質として、異なるグラフを識別するだけでなく、グラフ構造の類似度を把握することがある。このような条件を満たすグラフニューラルネットワークは部分木を低次元空間に埋め込む学習によってWL同型テストを一般化しており、異なるグラフ構造の識別だけでなく、類似したグラフを類似した埋め込み（エンベディング）に射影し、グラフ構造の依存関係を把握できる。

Graph Isomorphism Network（GIN）は、WL同型テストを一般化したモデルであり、グラフニューラルネットワークの中で最大の識別能力を有する。この条件を満たさないグラフニューラルネットワークとしてGCNやGraphSAGEなどがある。これらはWL同型テストよりも識別能力が低く、単純なグラフでも区別できない場合がある。それにもかかわらず、GCNのような平均による集約はノード分類タスクにおいて多くの場合にうまく働く。

multisetの平均（mean）や最大（max）によるプーリングは単射ではないため、表現力の強い順に並べると和、平均、最大の順となる。多重集合の和は多重集合を区別できるが、平均はその比率および分布しか区別できず、最大は多重集合を単なる集合とみなしてしまうためである。平均による集約がうまく働くタスクは、正確な構造よりもグラフの分布の情報が重要であるようなタスクや、ノードの特徴が多様であり複数回現れることがほとんどないようなタスクである。

GIN［42］のツールやライブラリとしては以下のものがある。

論文

https://arxiv.org/abs/1810.00826

コード

https://github.com/weihua916/powerful-gnns

paperswithcode.comにおけるサイト

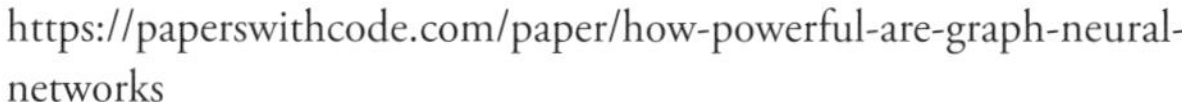

https://paperswithcode.com/paper/how-powerful-are-graph-neural-networks

グラフニューラルネットワークで何がどこまでできるかについては、他にも多くの研究がある。そのような研究をまとめたものとして、サーベイ論文「A Survey on The Expressive Power of Graph Neural Networks」[32]がある。

4.5 敵対的攻撃

一般にニューラルネットワークがわずかな摂動による敵対的攻撃に対しても脆弱であることはよく知られている [23]。グラフニューラルネットワークもそのような脆弱性があり、実際に応用していくうえで頑強なグラフニューラルネットワークを構築する必要がある。グラフにおける敵対的攻撃とそれに対する防御については、Jin らによるサーベイ論文「Adversarial Attacks and Defenses on Graphs: A Review, A Tool and Empirical Studies」[14] がある。この論文では、グラフに対する敵対的攻撃を攻撃者の属性に基づいて以下のように分類している。

- **攻撃者の能力**：訓練後の攻撃（evasion attack）か訓練中の攻撃（poisoning attack）か。
- **攻撃のタイプ**：ノード特徴を修正するか、エッジを追加・削除するか、偽ノードを追加するか。
- **攻撃者の目標**：少数のテストノードを誤分類させる（targeted attack）か全体的に精度を低下させる（untargeted attack）か。
- **攻撃者の知識**：攻撃者がモデルパラメータや訓練時入力・ラベルをすべて知っている（white-box attack）か、限られた知識しかない（gray-box attack）か、まったく知識がない（black-box attack）か。

そのうえで、代表的な敵対的攻撃アルゴリズムについて、ホワイトボックス攻撃（white-box attack）、グレーボックス攻撃（gray-box attack）、ブラックボックス攻撃（black-box attack）に分け、それぞれをさらに標的型攻撃（targeted attack）と非標的型攻撃（untargeted attack）に分けて紹介している。

また、それらの攻撃に対する防御として、以下の5つに分類してそれぞれを紹介している。

- **敵対的訓練（adversarial training）**：訓練集合に敵対的な例を入れ、訓練したモデルが将来の敵対的な例を正しく分類できるようにする。
- **敵対的摂動検出（adversarial perturbation detection）**：敵対的なノード・エッジと、クリーンなノード・エッジとの間の固有の違いを探索することでモデルを防御する。
- **頑強性認定（certifiable robustness）**：グラフニューラルネットワークの安全性を推論し、その頑強性を証明しようとする。
- **グラフ浄化（graph purification）**：訓練後でなく訓練中の攻撃を防ぐ。グラフをきれいにしてから学習する前処理（pre-processing）と、グラフニューラルネットワーク学習時に敵対的なパターンを避けてきれいなグラフ構造を得るグラフ学習（graph learning）の2つのアプローチがある。
- **注意機構（attention mechanism）**：敵対的な摂動を除去する代わりに、敵対的なエッジやノードの重みにペナルティを与えることで頑強なグラフニューラルネットワークモデルを学習する。

さらに、グラフ攻撃・防御について著者らが開発したリポジトリである「DeepRobust」について紹介し、攻撃や防御による実験結果について示している。

DeepRobust
https://github.com/DSE-MSU/DeepRobust

4.6 動的グラフのエンベディング

これまで議論してきたグラフニューラルネットワークは、時間変化しない静的グラフを対象としたものがほとんどであった。しかしながら実世界においては、交通網や人同士のインタラクションなど、動的グラフとして表される関係性が数多く存在する。動的グラフは複雑ネットワークの分野でも研究がなされてきている[12][22]。

動的グラフのエンベディングを行うには、当然ながらグラフの構造とその動的変化の両方を反映させたベクトル表現にする必要がある。従来のエンベディングの手法の多くは前者のみを扱ったものである。動的グラフの表現方法としては、主として以下の2つに分けられる（**図4.3**）。

- **離散時間動的グラフ**（Discrete-time dynamic graph, **DTDG**）：グラフの動的変化を一定時間ごとに区切り、各区切りをスナップショットで表したグラフの列
- **連続時間動的グラフ**（Continuous-time dynamic graph, **CTDG**）：グラフのノードやエッジごとに、出現・消滅時刻のタイムスタンプを付与したもの

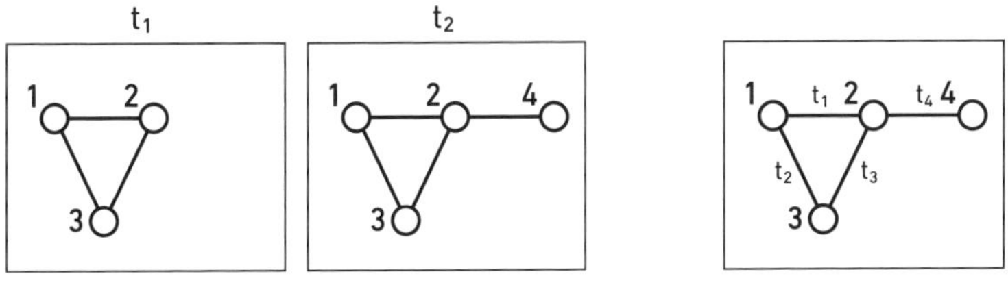

図4.3 離散時間動的グラフ（左）と連続時間動的グラフ（右）

先に述べたDeepWalkやLINEなどによるグラフエンベディング（グラフの表現学習）は、静的なグラフを対象としていた。これを発展させて、動的に変化するグラフをベクトル表現に変換することができれば、多くの現実的なデータにおける分類や予測などのタスクを高精度化することが期待できる。動的グラフの表現学習の手法として大まかに以下のものがある。

● 行列分解に基づく手法

静的グラフの表現学習手法として、特異値分解（SVD）などの行列分解による次元縮約がある。動的グラフに対するものとして、DANE（Dynamic Attributed Network Embedding framework）［20］は固有ベクトルに摂動を与えることで学習したベクトル表現を更新する。

● SkipGramに基づく手法

NguyenらのCTDNE（Continuous-Time Dynamic Network Embeddings）［24］は静的グラフの表現学習手法であるDeepWalkやLINEなどを拡張し、ランダムウォークでたどるエッジのタイムスタンプが昇順になるようにするなどの制約を与えることで時間情報を加味している。同様のアプローチとしては他にCAWs（Causal Anonymous Walks）［38］などがある。

● オートエンコーダに基づく手法

DynGEM（Dynamic Graph Embedding Model）[7] はオートエンコーダを入力ベクトルの次元縮約に用いる手法を拡張し、以前の時刻での表現情報を保持して次の時刻での表現生成に用いている。

● ニューラルネットワークに基づく手法

DyREP（Dynamic REPresentations over dynamic graphs）[34] は、グラフの動的変化を構造の変化とダイナミクスの変化の2つと考え、この2つのプロセスの橋渡しをするものとしてノードの表現を更新する。他にもJODIE（JOint Dynamic user-Item Embedding model）[18] やTGAT（Temporal Graph ATtention）[43] などがある。

● その他

DynamicTriad [53] はグラフの動的変化において、3つのノード間の2本のエッジが結合した開いた三角形（open triangle）から3本のエッジが結合した閉じた三角形（closed triangle）へと変化することが多いことから、そのような三角形の存在確率をもとにした損失関数を用いている。

その一方で動的グラフの表現学習には、以下のような課題がある。

- 静的グラフの表現学習をベースにした手法が多く、学習過程において動的変化を加味した手法が少ない。
- 大規模な動的グラフを扱うことが容易でない。
- 複数種類のノードやエッジからなるヘテロなグラフを扱うことが容易でない。
- ノードに属性が付与された属性つきグラフを扱うことが容易でない。
- タスク（ノード分類、リンク予測など）に依存した表現学習のほうが精度向上が期待できる。

- 複数の空間を用いることによって、動的グラフの特性を維持した表現学習が期待できる。

動的グラフの表現学習のサーベイ論文としては、[15] [41] [44] などがある。

4.7 時空間グラフ畳み込みネットワーク

TCN（Temporal Convolutional Networks）は時系列データを対象とした畳み込みであり、リカレントニューラルネットワーク（Recurrent Neural Networks，RNN）の代わりに時間変化の予測に用いられる。具体例としては動画におけるアクションの分割［19］や、天候の予測［45］などの研究がある。時空間グラフ畳み込みネットワーク（Spatio-Temporal Graph Convolutional Networks）は、交通量予測などのように、信号やセンサーで観測される時系列データがグラフ上に配置されている状況で、その時系列データを予測するのに使われる。TCNとグラフ畳み込みとを組み合わせることによって、時間と空間の両方を考慮した学習を可能にしている。

交通量予測にはさまざまなアプローチがあり、グラフニューラルネットワークを用いた研究もある。YuらによるSpatio-Temporal Graph Convolutional Networks（STGCN）［48］は、交通網における時系列予測を行う深層学習の枠組みで、スペクトラルなグラフ畳み込みを行うブロックを、時間畳み込みを行う2つのブロックで挟んだ構造である時空間畳み込み（Spatio-Temporal convolution）によって構成されている。

またDiaoらの提案するDynamic Graph Convolutional Neural Networks（DGCNN）［6］は、交通の道路網も動的に変化するような状況下での交通量予測を行う。テンソル分解を深層学習の枠組みに組み込み、STGCNと同様にグラフ畳み込みを2つの時間畳み込みのブロックで挟んだ動的時空間畳み込み（Dynamic Spatio-Temporal〔DST〕Convolution）によって、交通のサンプルにおける局所的および大局的な構成要素の抽出を行っている。

4.8 説明可能性

ニューラルネットワークによって高精度な機械学習が実現できるようになった反面、その振る舞いの理由について人間が解釈することが困難である場合が少なくない。機械学習、特に深層学習における説明可能性（Explainable AI, XAI）については、深層学習を実際に応用していくうえで重要な課題として近年注目を集めてきている［27］。グラフニューラルネットワークにおいても例外ではなく、その分類や予測がどのように行われたかを説明するための研究が行われてきている。

YingらのGNNExplainer［47］は、グラフニューラルネットワークの表現学習において、注目するノードに対して特徴を集約する際の周囲のどのノードのどの特徴が分類や予測に影響したかを説明する。GCN、GraphSAGE、GAT、SGCなどのグラフニューラルネットワークにおけるノード分類、グラフ分類、リンク予測に対して利用できる。

PopeらのGrad-CAMもグラフ畳み込みにおける予測に影響した部分の色を変えることによって、振る舞いを説明している［30］。

グラフニューラルネットワークの説明可能性の研究を概観したものとして、Yuanらの「Explainability in Graph Neural Networks: A Taxonomic Survey」［49］がある。このサーベイ論文では、説明可能性に関して統一的な分類を行っている。具体的には、与える説明のタイプ（インスタンスレベルかモデルレベルか）、学習（説明が学習過程を含んでいるか否か）、タスク（ノード分類かグラフ分類か）、説明の対象（ノードか、エッジか、ノードの特徴か）、GNNをブラックボックスとして扱うか否か、説明の計算の流れ（前向きか、後ろ向きか）、デザイン（説明がグラフ向けか、画像の説明の拡張か）について、上記のGNNExplainerやGrad-CAMを含む17手法について分類している。

まとめ_4

この章では、グラフニューラルネットワークに関連したトピックとして、グラフオートエンコーダ、GAT、SGC、GIN、敵対的攻撃、動的グラフ、時空間グラフ畳み込みネットワーク、説明可能性について説明した。注意や敵対的攻撃は、画像認識や自然言語処理の分野において注目され、それらがすぐにグラフの世界でも議論されてきている。他の分野における深層学習のさまざまな手法をグラフに拡張するという流れで、研究トピックがどんどん増えてきている。グラフニューラルネットワークにおける課題としては以下のものがある [55]。

- **頑強性**：他のニューラルネットワークと同様に、グラフニューラルネットワークは敵対的な攻撃に対して脆弱である。特徴量のみに注目した画像やテキストへの敵対的攻撃と比較して、グラフへの攻撃は構造的な情報も考慮する必要がある。既存のグラフモデルを攻撃するための手法が提案されており、それを防御するためにより堅牢なモデルが提案されている。これらの手法に関するサーベイ論文としては [14] などがある。
- **解釈可能性**：解釈可能性もニューラルネットワークにおける重要な研究である。一般にグラフニューラルネットワークはブラックボックスであり、その振る舞いを説明するのは困難である。グラフニューラルネットワークの説明を生成する手法はわずかしか提案されていない [47]。グラフニューラルネットワークを実世界のアプリケーションに適用するには、信頼できる説明が重要である。画像認識や自然言語処理の分野と同様に、グラフ上の解釈可能性も重要な研究の方向性である。

- **グラフの事前学習**：ニューラルネットワークを用いたモデルは豊富なラベル付きデータを必要とするが、人間が作成した膨大なラベル付きデータを入手するにはコストがかかる。そこで、Webサイトや知識ベースから簡単に入手できるラベルなしのデータからモデルを学習させる自己教師付き（self-supervised）手法が提案されている。これらの手法は画像認識や自然言語処理の分野で、事前学習とともに大きな成功を収めている。この分野では、事前学習タスクの設計、構造や特徴情報の学習における既存のグラフニューラルネットワークモデルの効率など、未解決の問題がまだ多くある。
- **複雑なグラフ構造**：現実のアプリケーションにおけるグラフ構造は柔軟かつ複雑である。動的グラフやヘテロなグラフなどの複雑なグラフ構造を扱うために、さまざまな手法が提案されてきている。ソーシャルネットワークの急速な発展などに伴い、より多くの問題や、課題、応用のシナリオが出現しており、より強力なグラフニューラルネットワークが必要とされている。

この章で取り上げたトピックは、今まさに研究が進行中のものばかりであり、今後もさまざまな研究が発表されると期待される。それぞれのトピックの詳細な内容や最新の研究については、読者の皆さん自身で調べていただくよう切に願う。

Chapter 5

Graph Neural Networks

第 5 章
実装のための準備

ここまでグラフニューラルネットワークについて学んできて、実際に自分で動かしてみたいと感じる読者の方も多いであろう。この章では、グラフニューラルネットワークを動かすための準備となる基礎知識や実行環境について説明する。主として、後続の章で使うことになるPyTorch Geometricによる実装について説明する。

5.1 Python

Pythonは動的なセマンティックスを持つインタープリタ型のオブジェクト指向の高レベルプログラム言語である。Pythonの高レベルな組み込みデータ構造と動的型付け、動的バインディング機能は、既存のコンポーネントを組み合わせるスクリプト言語や結合言語として優れており、迅速なアプリケーション開発のためにも非常に魅力的である。

Pythonはシンプルで学習しやすい文法を持ち、プログラムの可読性は高く、プログラムのメンテナンスコストを下げるのに寄与する。さらに、モジュールとパッケージをサポートすることにより、プログラムのモジュラリティと再利用を促している。Pythonインタプリタと広範な標準ライブラリはすべての主要なプラットフォームで無料でソースかバイナリ形式で提供されており、自由に配布できる。

世の中には数多くのプログラミング言語があるが、Pythonはモジュール性が高く、必要なライブラリをインストールすることによって容易に機能拡張ができる。GoogleのTensorFlowや、本書でも使うオープンソースソフトウェアのPyTorchなどは深層学習の開発基盤として活用されている。

Pythonの言語仕様や機能は非常に多彩なため、本書ですべての機能を詳細に説明するのは難しい。解説書は多数出版されているので自分に合うものを参照していただきたい。また、Pythonの本家のサイトおよび日本語のPython情報サイトには有益な情報が掲載されているので、適宜参照することをお勧めする。

Pythonの本家のサイト
https://www.python.org/

Python情報サイト
https://www.python.jp/

5.2 NumPy

NumPyは、Pythonによる科学計算のための基本ライブラリである。NumPyは大規模で多次元の配列および高機能の数学関数を利用できるようPythonを拡張する。主な機能として以下のものがある。多次元配列オブジェクト、さまざまな派生オブジェクト（マスクされた配列や行列など）、数学的関数、論理的関数、形状操作、ソート、選択、入出力、フーリエ変換、基本的な線形代数、基本的な統計演算、ランダムシミュレーションなどである。

NumPyの中核となるのがndarrayオブジェクトである。これは同種のデータ型のn次元配列をカプセル化したもので、多くの操作は高速化のためにコンパイルされたコードで実行される。NumPyの配列とPythonのリストには、以下のような重要な違いがある。

- Pythonのリストは動的に変更可能だが、NumPyの配列は作成時に固定されたサイズを持つ。ndarrayのサイズを変更すると、新しい配列が作成され、元の配列は削除される。
- NumPyの配列の要素はすべて同じデータ型である必要があり、メモリ上では同じサイズになる。例外はNumPyを含むPythonのオブジェクトの配列で、この場合は異なるサイズの要素の配列となる。
- NumPyの配列を使うことで、大量のデータに対する高度な数学的操作やその他の操作が容易になる。一般にこのような操作は、Pythonの組み込み配列を使用するよりも効率的で少ないコードで実行される。

- Pythonベースの数学・科学技術計算ライブラリの多くはNumPyの配列を使用している。これらは通常、Pythonのリストを入力とするが、処理前にNumPyの配列に変換し、しばしばNumPy配列を出力する。現在、Pythonベースの数学・科学技術計算ソフトウェアの多くを効率的に使用するには、Pythonのリストの使い方を知っているだけでは不十分であり、NumPyの配列の使い方も知っている必要がある。

実際には、Pythonのリストの要素は同じ型である必要はなく、例えば`list = [1, "Hello", 3.14, True, 5]`といった使い方も可能である。それに対してNumPyの配列はndarray（n-dimensional array）であり、要素はすべて同じ型でなければならない。ndarrayは固定長の要素からなる均質な配列であり、Pythonのリストよりも効率的に扱える。

NumPyのサンプルコードを**Listing 5.1**に示す。最初にNumPyをインポートし、2行2列の行列xとyを定義し、その積を表示している。この出力は末尾（6、7行目）の>>>に示したようになる。ここでは以下の式の結果を表している。

$$\begin{pmatrix} 1 & 2 \\ 3 & 4 \end{pmatrix}\begin{pmatrix} 5 & 6 \\ 7 & 8 \end{pmatrix} = \begin{pmatrix} 19 & 22 \\ 43 & 50 \end{pmatrix}$$

Listing 5.1 **NumPyの例**

```
1  import numpy as np
2  x = np.matrix([[1,2],[3,4]])
3  y = np.matrix([[5,6],[7,8]])
4  print(x * y)
5
6  >>> [[19 22]
7  >>>  [43 50]]
```

NumPyについても、すべての機能を詳細に説明するには紙幅が限られている。必要に応じてNumPyのquickstartのサイトなどを参照してほしい。

NumPyのquickstartのサイト
https://numpy.org/doc/stable/user/quickstart.html

5.3 SciPy

SciPyは、高度な科学技術計算を行うためのPythonライブラリである。科学や工学で共通して使われる、最適化、線形代数、積分、補間、特殊関数、高速フーリエ変換、信号処理、画像処理、常微分方程式ソルバなどのタスクのためのモジュールを含んでいる。SciPyは、PythonのNumPyによる拡張をベースに開発されている。データを操作したり可視化したりするための高レベルのコマンドやクラスをユーザーに提供することで、インタラクティブなPythonセッションに威力を発揮する。

SciPyを使えば、Pythonのインタラクティブなセッションは、MATLAB、IDL、GNU Octave、RLaB、Scilabなどのシステムに匹敵するデータ処理やシステムプロトタイピングの環境になる。

SciPyは以下のような様々な科学技術分野をカバーするサブパッケージで構成されている。

- **cluster**：クラスタリングアルゴリズム
- **constants**：物理的・数学的な定数
- **fftpack**：高速フーリエ変換ルーチン
- **integrate**：積分、常微分方程式ソルバ
- **interpolate**：補間とスプラインの平滑化
- **io**：入出力
- **linalg**：線形代数
- **ndimage**：N次元画像処理
- **odr**：直交距離回帰

- **optimize**：最適化とルート探索のルーチン
- **signal**：信号処理
- **sparse**：疎行列と関連ルーチン
- **spatial**：空間的なデータ構造とアルゴリズム
- **special**：特殊関数
- **stats**：統計的な分布と関数

SciPyのサンプルコードを**Listing 5.2**に示す。これはSciPyのサイトに掲載されているコードである。

Listing 5.2　SciPyの例

```
1  import numpy as np
2  import matplotlib.pyplot as plt
3  from scipy import interpolate
4  x = np.arange(0, 10)
5  y = np.exp(-x/3.0)
6  f = interpolate.interp1d(x, y)
7  xnew = np.arange(0, 9, 0.1)
8  ynew = f(xnew)
9  plt.plot(x, y, 'o', xnew, ynew, '-')
10 plt.show()
```

SciPyのサイト
https://docs.scipy.org/doc/scipy/reference/generated/scipy.interpolate.interp1d.html

1行目でNumPyを、2行目で可視化を行うmatplotlibをインポートしている（matplotlibについては後述する）。

3行目でSciPyの`interpolate`（補間）をインポートしている。

4行目で`np.arange`関数を使って等差数列xを作っている（今回の例

では[0 1 2 3 4 5 6 7 8 9])。

5行目で指数関数 $y = e^{-\frac{x}{3}}$ を定義し、6行目でSciPyの`interpolate.interp1d`を用いて補間を行う。

7行目で0.1きざみの等差数列*xnew*を作り（今回の例では`[0.  0.1 0.2 ... 8.7 8.8 8.9]`)、8行目で補間された関数を使って対応するy座標の数列を計算する。

9行目の`plt.plot`でxとyを点、xnewとynewを線で描くよう指定して、10行目の`plt.show`で実際にグラフを描いている。

実行した結果を**図5.1**に示す。xとyで与えられた10個の点が補間されて描かれていることがわかる。

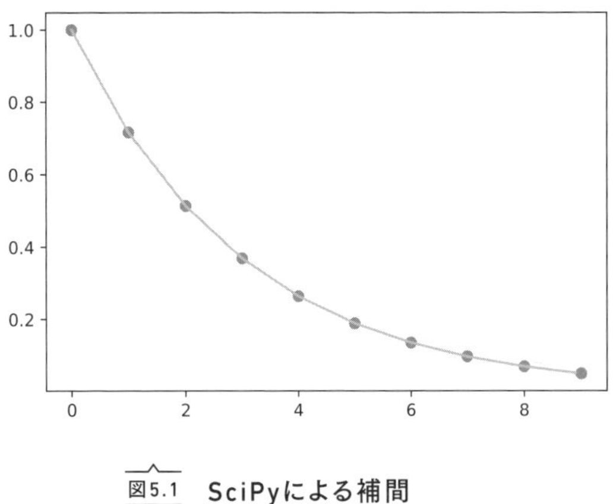

図5.1 SciPyによる補間

SciPyについてもすべての機能を本書で扱うことは難しいため、必要に応じてSciPyのドキュメンテーションなどを適宜参照してもらいたい。

SciPyのドキュメンテーション
https://docs.scipy.org/doc/scipy/index.html

5.4 pandas

pandasは高速で柔軟で表現力の高いデータ構造を提供するPythonのパッケージであり、関係データやラベルつきデータを簡単かつ直感的に処理できる。pandasは高速かつパワフルで柔軟性があり、使いやすいオープンソースのデータ分析・操作ツールである。

よく使われるデータ構造として、列（Series）とデータフレーム（DataFrame）がある。列は1次元の配列のようなデータ構造であり、連続した値とそれに関連づけられたindexというデータラベルの配列が含まれる。データフレームはテーブル型のデータ構造を持ち、順序づけられた列を持っている。各列には別々の型を持たせることができる。データフレームは行と列の両方にインデックスを持っている。データフレームは列を値として持つディクショナリとみなせる。列やデータフレームに対して行える操作として、再インデックスづけ、インデックス参照、選択、フィルタリング、データの整形、ソート、ランク、集約、要約統計量の計算などがある。

pandasのサンプルコードを**Listing 5.3**に示す。

1行目でpandas、2行目でNumPyをインポートしている。CSV形式のデータのファイルがあれば3行目のように`pd.read_csv`で読み込むが、ここでは4行目のように`np.random.randn`で乱数配列のデータフレーム`df`を生成している。5行目で20211201から10日間の日付データを作り、6行目でデータフレームのインデックスとしている。

Listing 5.3 **pandasの例**

```
1 import pandas as pd
2 import numpy as np
3 # load the contents of CSV file : pd.read_csv('data.csv')
4 df = pd.DataFrame(np.random.randn(10,4), columns = list('ABCD'))
5 days = pd.date_range('20211201', periods=10)
6 df.index = days
7 print(df)
8 print(df.describe())
9 print(df.sort_values('A', axis=0))
```

この出力例を**Listing 5.4**に示す。乱数配列のため、実行ごとに結果は異なってくる。7行目でデータフレーム`df`を表示している。8行目で`describe`で各列の統計量（要素数、平均、標準偏差、最小値、最大値等）を表示している。9行目でAの値に基づいて行をソートした結果を表示している。

Listing 5.4 **pandasの実行結果**

```
>>>                     A         B         C         D
>>> 2021-12-01 -0.326560 -1.600460  0.263041 -0.290292
>>> 2021-12-02  0.885490  0.515122 -0.883242 -0.288423
>>> 2021-12-03  2.196381 -1.336018  0.131310 -0.144755
>>> 2021-12-04  0.325906  0.229699  0.412932 -1.228531
>>> 2021-12-05  1.761893 -0.826570 -1.052550 -0.116009
>>> 2021-12-06  0.675929  0.849489  0.013710 -0.938948
>>> 2021-12-07  0.892279 -0.100133  0.489823  1.685857
>>> 2021-12-08 -1.057268  0.689701  0.179697  0.860886
>>> 2021-12-09  1.119093 -0.143039 -2.027769  1.334688
>>> 2021-12-10 -0.866146  0.848150  0.467852  0.252240
>>>                 A          B          C          D
>>> count  10.000000  10.000000  10.000000  10.000000
>>> mean    0.560700  -0.087406  -0.200519   0.112671
```

```
>>> std     1.062225   0.895576   0.839708   0.936548
>>> min    -1.057268  -1.600460  -2.027769  -1.228531
>>> 25%    -0.163444  -0.655687  -0.659004  -0.289825
>>> 50%     0.780710   0.064783   0.155504  -0.130382
>>> 75%     1.062389   0.646056   0.375459   0.708725
>>> max     2.196381   0.849489   0.489823   1.685857
>>>                    A         B         C         D
>>> 2021-12-08 -1.057268  0.689701  0.179697  0.860886
>>> 2021-12-10 -0.866146  0.848150  0.467852  0.252240
>>> 2021-12-01 -0.326560 -1.600460  0.263041 -0.290292
>>> 2021-12-04  0.325906  0.229699  0.412932 -1.228531
>>> 2021-12-06  0.675929  0.849489  0.013710 -0.938948
>>> 2021-12-02  0.885490  0.515122 -0.883242 -0.288423
>>> 2021-12-07  0.892279 -0.100133  0.489823  1.685857
>>> 2021-12-09  1.119093 -0.143039 -2.027769  1.334688
>>> 2021-12-05  1.761893 -0.826570 -1.052550 -0.116009
>>> 2021-12-03  2.196381 -1.336018  0.131310 -0.144755
```

pandasも多彩な機能を搭載しているため、詳細をすべて本書で扱うことは難しい。必要に応じてpandasのドキュメンテーションなどを適宜参照してほしい。

pandasのドキュメンテーション
https://pandas.pydata.org/docs/index.html

5.5 Matplotlib

Matplotlibは、PythonおよびNumPyのためのグラフ描画ライブラリである。オブジェクト指向のAPIを提供しており、さまざまな種類のグラフを描画できる。具体的にはヒストグラム、散布図、折れ線グラフ、円グラフ、箱ひげ図などである。描画できるのは主に2次元のプロットだが、3次元プロットの機能も追加されている。

pyplotは、matplotlib内のモジュールである。基本的にはpyplot越しにmatplotlibの機能を利用する。`import matplotlib.pyplot as plt`のようにインポートするのが一般的である。Matplotlibのサイトには多くの実例（Examples）があり、描きたい図に近いものを選んで利用できる。

Matplotlibのサイト
https://matplotlib.org/stable/gallery/index.html

Matplotlibを使った基本的なグラフ描画方法は以下のとおりである。

1. `matplotlib.pyplot`をインポートする。
2. x軸の配列を作る。
3. y軸の配列を作る。
4. `plot`関数を使ってプロットする。
5. `show`関数を使ってプロットしたグラフを描画する。

Matplotlibのサンプルコードを**Listing 5.5**に示す。

Listing 5.5 Matplotlibの例

```
1   import matplotlib.pyplot as plt
2   year = [2000, 2001, 2002, 2003, 2004, 2005, 2006, 2007, 2008,
            2009, 2010, 2011, 2012, 2013, 2014, 2015]
3   population = [125613, 125930, 126053, 126206, 126266, 126205,
                  126286, 126347, 126340, 126343, 126382, 126210,
                  126023, 125803, 125562, 125319]
4   plt.plot(year, population)
5   plt.title("Japanese Population")
6   plt.xlabel("year")
7   plt.ylabel("population (thousands)")
8   plt.show()
```

1行目ではmatplotlibをインポートしている。2行目で`year`を、3行目で`population`のリストを定義し、4行目の`plt.plot`で`year`と`population`をそれぞれx軸、y軸としてプロットし、5〜7行目でタイトル、x軸ラベル、y軸ラベルを指定し、8行目で出力している。

Listing 5.5を実行して表示される折れ線グラフを**図5.2**に示す。

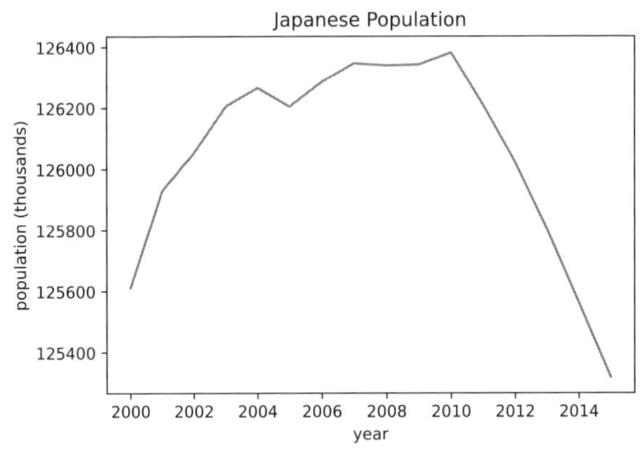

図5.2 Matplotlibによる折れ線グラフ

Matplotlibには可視化のための多彩な機能があり、紙幅の都合から機能をすべて本書で紹介するのは難しい。必要に応じてmatplotlibのサイトなどを参照してもらいたい。

Matplotlibのサイト
https://matplotlib.org/stable/index.html

5.6 seaborn

seabornはmatplotlibベースの統計用グラフィックライブラリである。Matplotlibが低レベルのツールであるのに対し、seabornはよく使われる可視化を比較的簡単に（少ないコードで）行うことができる。seabornは、魅力的で情報量の多い統計グラフィックを描画するための高レベルのインターフェイスを提供する。seabornのサイトに多くの実例（Gallery）が掲載されているので、描きたい図に近いものを選んで利用できる。

seabornのサイト

https://seaborn.pydata.org/examples/index.html

seabornには「axes-level関数」と「figure-level関数」という2種類の関数がある。

axes-level関数はデータを単一の`matplotlib.pyplot.Axes`オブジェクトにプロットし、それが関数の戻り値となる。matplotlibの関数をそのまま置き換えたものである。

後者のfigure-lebel関数は、図を管理するseabornオブジェクト（通常は`FacetGrid`）を介してmatplotlibと接続する。各モジュールは、単一のfigure-level関数を持ち、それはさまざまなaxes-level関数へのインターフェイスを提供する。figure-level関数は既存の軸に重ねて描画することは困難であり、凡例（legend）がプロットの外側に配置される。一方で、複数のsubplotを作りやすいという利点があり、`joinplot`や`pairplot`などによって、複数のプロットを組み合わせてデータを複数の側面から可視化できる。

seabornはmatplotlibの上に構築されており、主に統計分析に関する優れた可視化を実現できる。例えば、2変数の散布図とヒストグラムを組み合わせて表示する`seaborn.jointplot`や、多変数の散布図をまとめて表示する`seaborn.pairplot`などがある。

seabornのサンプルコードを**Listing 5.6**に示す。このコードはseaborn.jointplotのページに掲載されているものと同じである。

seaborn.jointplot
https://seaborn.pydata.org/generated/seaborn.jointplot.html

1行目で`matplotlib`をインポートし、2行目で`seaborn`をインポートし、3行目で`penguins`データセットをロードし、4行目の`sns.jointplot`でx軸とy軸のキャプションを指定したうえで`penguins`データセットをプロットして5行目で表示している。

Listing 5.6　seabornの例

```
1  import matplotlib.pyplot as plt
2  import seaborn as sns
3  penguins = sns.load_dataset("penguins")
4  sns.jointplot(data=penguins, x="bill_length_mm",
                 y="bill_depth_mm")
5  plt.show()
```

この出力は**図5.3**のようになる。2変数のプロットを2変数グラフと1変数グラフで描いている。

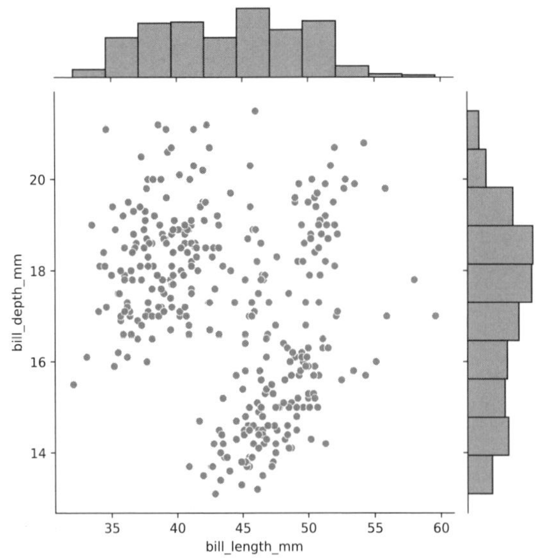

図5.3　seaborn.jointplotによる2変数の分布

seabornの機能の詳細については、必要に応じてseabornのサイトなどを適宜参照してもらいたい。

seabornのサイト
https://seaborn.pydata.org/

5.7 Scikit-learn

Scikit-learnは、分類、回帰、クラスタリング、決定木などのさまざまな機械学習アルゴリズムを実装したPythonライブラリであり、NumPy、SciPy、matplotlibをベースに構築されている。Scikit-learnのサイトには以下のようなカテゴリごとに関連アルゴリズムが掲載されている。

Scikit-learnのサイト
https://scikit-learn.org/stable/

- **分類（Classification）**：対象がどのカテゴリに属するかを同定する。
  - **応用**：スパム検出、画像認識など。
  - アルゴリズム：SVM（サポートベクターマシン）、最近傍法、ランダムフォレストなど。
- **回帰（Regression）**：対象の連続値属性を予測する。
  - 応用：薬剤反応、株価予測等。
  - アルゴリズム：SVR（サポートベクター回帰）、最近傍法、ランダムフォレストなど。
- **クラスタリング（Clustering）**：類似した対象を自動的にグループ化する。
  - 応用：顧客分類、実験結果分類など。
  - アルゴリズム：k-means法、スペクトラルクラスタリング、mean-shift法など。

- **次元縮約（Dimensionality reduction）**：考慮する変数の個数を減らす。
    - 応用：可視化、効率向上など。
    - アルゴリズム：k-means法、特徴選択、non-negative matrix factorization法など。
- **モデル選択（Model selection）**：パラメータやモデルを比較し、検証し、選択する。
    - 応用：パラメータ調整による精度向上など。
    - アルゴリズム：グリッドサーチ、交差検定など。
- **前処理（Preprocessing）**：特徴選択や正規化を行う。
    - 応用：入力データを機械学習アルゴリズムに合うよう変形するなど。
    - アルゴリズム：前処理、特徴抽出など。

機械学習の問題を解決するうえで、どの学習器を使うかを決めるのは簡単ではない。データの種類や問題によって、適切な学習器は異なってくる。「scikit-learn algorithm cheat-sheet」は、データに対して分類、回帰、クラスタリング、次元縮約のどの学習器を試すべきかについて、データ数や目的に応じて大まかなガイドラインを示している。

scikit-learn algorithm cheat-sheet
https://scikit-learn.org/stable/tutorial/machine_learning_map/

Scikit-learnのサンプルコードを**Listing 5.7**に示す。このコードは、irisデータセットを読み込んでk-means法でクラスタリングしている。Scikit-learnではよく用いられる標準的なデータセットがあらかじめ準備されている。`iris`データセットは150個のインスタンスからなるデータセットで、各インスタンスは、sepal length、sepal width、petal length、petal widthの4つの実数の組で表されている。各インスタンスはIris-Setosa、Iris-Versicolour、Iris-Virginicaのいずれかのクラスに属しており、そのラベルが付加されている。それぞれのクラスに属するインスタンスは50個ずつである。この例では、実数の組で表されたインスタンスをクラスタリングしてグループを見つける。

Listing 5.7　Scikit-learnの例

```
1  from sklearn import cluster, datasets
2  iris = datasets.load_iris()
3  k_means = cluster.KMeans(n_clusters=3)
4  k_means.fit(iris.data)
5  print(k_means.labels_[::10])
6  print(iris.target[::10])
7
8  >>> [1 1 1 1 1 2 2 2 2 2 0 0 0 0 0]
9  >>> [0 0 0 0 0 1 1 1 1 1 2 2 2 2 2]
```

1行目でScikit-learnから`cluster`と`datasets`をインポートし、2行目でirisデータセットをロードする。3行目でk-meansのクラスタ数を3とし、4行目でirisデータセットについてクラスタリングをする。5行目でクラスタリングの結果得られたラベルをインスタンス10個ごとに表示し、6行目でデータセットであらかじめ与えられたクラスのラベルをインスタンス10個ごとに表示している。このプログラムの出力は8、9行目のようになる。出力された15個については、k-meansの結果、同じクラスラベルのインスタンスが同じクラスタに入っていることがわかる。

Scikit-learnの詳細については紙幅の都合で本書では触れないため、必要に応じてScikit-learnのサイトなどを適宜参照していただきたい。

5.8 t-SNE

t-SNE（t-Distributed Stochastic Neighbor Embedding）は、高次元データを次元削減して可視化するツールである。t-SNEはデータ間の類似性を結合確率に変換し、低次元エンベディングと高次元データの結合確率の間の分布間距離であるKLダイバージェンス（KL-divergence）を最小化することで可視化を行うSNE（Stochastic Neighbor Embedding）を以下の2点について改良したものである。

（1）対称的なコスト関数を用いることで勾配の計算を容易にしている。
（2）2点間の類似度を計算する際にガウス分布ではなくすそ野の広いStudent-t分布を用いることで、混雑問題（crowding problem）を回避している。

それによって、高次元データの局所的な構造と大局的な構造を明らかにする可視化が得られるとしている。t-SNEのコスト関数は凸ではないため、異なる初期化では異なる結果が得られる。t-SNEについての詳細は、著者のLaurens van der Maatenによるサイトが詳しい。

Laurens van der Maatenによるサイト
https://lvdmaaten.github.io/tsne/

また"How to Use t-SNE Effectively"サイトには、さまざまなパラメータの影響に関する議論や、それを調べるインタラクティブなデモが用意されている。

「How to Use t-SNE Effectively」
https://distill.pub/2016/misread-tsne/

t-SNEのscikit-learnでの実装を用いて可視化を行った例を**Listing 5.8**に示す。

Listing 5.8 **t-SNEの例**

```
1   import matplotlib.pyplot as plt
2   from sklearn.datasets import load_iris
3   from sklearn.manifold import TSNE
4   from sklearn.decomposition import PCA
5   iris = load_iris()
6   X_tsne = TSNE(learning_rate=100).fit_transform(iris.data)
7   X_pca = PCA().fit_transform(iris.data)
8   plt.scatter(X_tsne[:, 0], X_tsne[:, 1], c=iris.target)
9   plt.show()
10  plt.scatter(X_pca[:, 0], X_pca[:, 1], c=iris.target)
11  plt.show()
```

1行目でmatplotlibを、2行目で`load_iris`を、3行目で`TSNE`を、4行目で`PCA`（Principal Component Analysis）をインポートしている。6行目でt-SNEによる次元縮約、7行目でPCAによる次元縮約を行う。8行目の`plt.scatter`でt-SNEによって得られた結果のx軸、y軸、点の色を指定した散布図を描いて9行目で表示している。10行目の`plt.scatter`でPCAによって得られた結果のx軸、y軸、点の色を指定した散布図を描いて11行目で表示している。

このコードの実行例を**図5.4**に示す。この例ではt-SNEでもPCAでも異なるクラスのインスタンスが比較的明確に分離されていることがわかる。

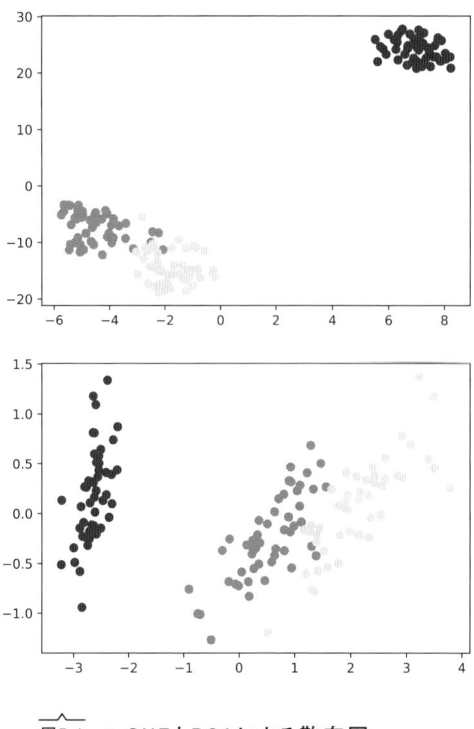

図5.4　t-SNEとPCAによる散布図

グラフニューラルネットワークの論文で、入力のグラフの例が描かれることもあるが、多いのはニューラルネットワークのアーキテクチャを表す図や、分類や予測の性能を示す折れ線グラフや棒グラフである。また、グラフのエンベディングの適切さを定性的に示すために、エンベディングの散布図が描かれることも多い。

この節で述べてきたPythonや、PythonライブラリのNumPy、SciPy、matplotlib、Scikit-learnなどの解説を簡潔にまとめたサイトとしてSciPy Lecture Notesがある。

Scipy Lecture Notes（英語）

https://scipy-lectures.org/

Scipy Lecture Notes（日本語訳）

http://www.turbare.net/transl/scipy-lecture-notes/

5.9 Jupyter Notebook

Jupyter Notebookは、PythonなどのプログラムをWebブラウザ上で実行し、ノートブックと呼ばれる形式で実行結果を記録しながら、データの分析作業を進める対話型の実行環境である。プログラムの記述や実行、結果の保存や共有をブラウザ上で行えるため、インタラクティブな分析に適している。結果の出力もPDF、HTML、ipynbなど、さまざまな形式を選べる。

Jupyter Notebook
http://jupyter.org/

従来はJupyter Notebookを使うために、Python本体および科学技術計算やデータ分析などでよく利用されるライブラリを一括でインストールできるAnacondaなどを用いることが多く、初学者にとっては環境構築がハードルとなることが多々あった。しかし、後述するGoogle Colaboratoryでは、そのようなインストールをすることなくJupyter Notebookと同等の環境を利用できる。

Anaconda

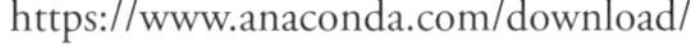

https://www.anaconda.com/download/

JupyterLabは、Jupyter Notebookをベースにしたインタラクティブな開発環境である。対話型統合開発環境（IDE）であり、Jupyter Notebookの機能に加えて、セルをドラッグ＆ペーストで簡単に移動できるよう

になったり、ユーザーインターフェイスの言語設定が可能になるなどの機能が追加されている。また2021年9月には、JupyterLabのデスクトップアプリケーション版となるJupyterLab Desktop Appがリリースされた。Jupyter NotebookやJupyterLabがブラウザ上で動作するのに対し、JupyterLab Desktop Appはパソコン上で動作するデスクトップアプリケーションであり、インストールするだけですぐにJupyterLabが使えるようになる。

JupyterLab Desktop App
https://github.com/jupyterlab/jupyterlab-desktop

5.10 Google Colaboratory

Colaboratoryは、多くの主要なブラウザで動作する、設定不要のJupyter Notebook環境である。機械学習の教育・研究を目的としてGoogleが提供している研究用ツールで、Google Colabとも呼称される。Google ChromeやFirefoxなどの主要なブラウザとGoogleのアカウントがあれば、Anacondaのインストールなどをすることなく、Jupyter Notebookの環境を簡単に利用できる。

Colaboratory
https://colab.research.google.com/

Colaboratoryノートブックは、すべてオープンソースのJupyterノートブック形式（.ipynb）で保存される。作成されたColaboratoryノートブックはGoogleドライブに保存されて、Googleドキュメントなどと同じように共有できる。プログラムコードは、各アカウント専用の仮想マシンで実行される。GitHub上のノートブックを実行することも可能である。仮想マシンにはシステムで定められた有効期限があり、一定時間以上アイドル状態であった場合には再接続が必要になる。

TensorFlow（Googleが提供する機械学習のためのライブラリ）などのコードをブラウザ上で実行できるだけでなく、GPU（Graphics Processing Unit：画像処理などを得意とする処理装置）を無料で使えるため、機械学習などのためのプラットフォームとして期待されている。Microsoftも以前はAzure Notebooksとして同様のツールを提供していたが、現在は提供していない。

Google Colaboratoryの画面の例を**図5.5**に示す。「Colaboratory」をネット検索して「Colaboratoryへようこそ」をクリックするとこの図のような画面がブラウザに表示される。左上のファイル、編集、表示、挿入などがメニューボタンであり、右上の「接続」がサーバーに接続するためのボタンである。

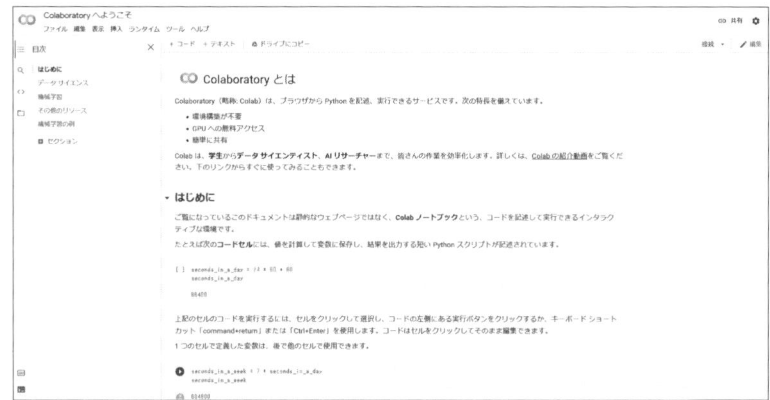

図5.5 Google Colaboratory

コードセルの例を**図5.6**に示す。この図の上側はPythonのプログラムを、下側はその実行結果を示している。プログラムを実行するには、ブラウザ右上の「接続」ボタンをクリックして接続を確認してから、以下のいずれかの方法で実行する。

- セルの左端にある再生アイコンをクリック。
- Command/Ctrlキーを押しながらEnterキーを押す。
- Shiftキーを押しながらEnterキーを押す（セルが実行され、次のセルにフォーカスが移動する）。

- Option/Altキーを押しながらEnterキーを押す（セルが実行され、そのすぐ下に新たなコードセルを挿入）。

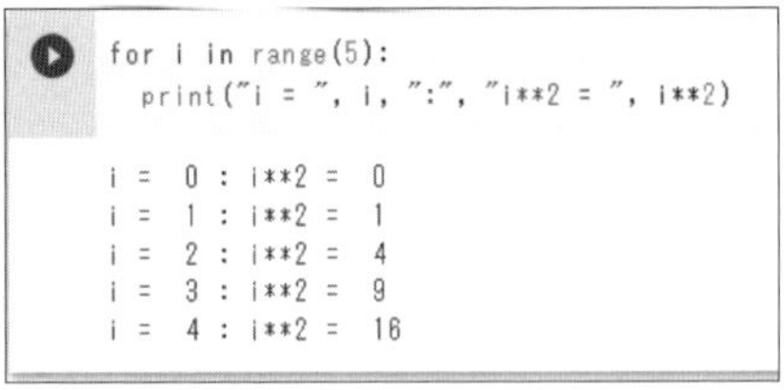

```
for i in range(5):
  print("i = ", i, ":", "i**2 = ", i**2)

i =  0 : i**2 =  0
i =  1 : i**2 =  1
i =  2 : i**2 =  4
i =  3 : i**2 =  9
i =  4 : i**2 =  16
```

図5.6　コードセル

テキストセルの例を**図5.7**に示す。図の左側はテキストセルの入力、右側はそれによる出力を示している。ダブルクリックするとセルを編集することができる。テキストセルには、マークダウンや、LaTeX、HTMLなどの記法を利用できる。

図5.7　テキストセル

Pythonには多くのライブラリがあり、それらをインポートしながらプロトタイプとなるプログラムを容易に作成できるのが利点である。Colaboratoryは、Pythonコードを書いて分析および可視化を行い、その結果をもとにさらにコードを修正していくなど、インタラクティブなプログラム開発を行うのに適している。その一方で、時間のかかる計算を連続して実行することは推奨されていない。特にGPUを使ったバックグラウンドでの計算に長時間使用するとサービスを利用できなくなる可能性がある。使用の際に注意すべきこととしては、以下のものが挙げられる。

- クラウドで処理するため、機密性の高いデータの分析には不向きである。
- ファイル入出力やライブラリのインストールなど、一般のJupyter Notebookとは使い勝手が異なる点がある。
- 使用している途中で接続が切れることがある（ただし、再接続すればよく、コードなども失われない）。

Google Colaboratoryは2022年6月現在、無料で利用できるが、長時間使用するとタイムアウトが生じる場合もある。GoogleはColaboratoryの他にColab ProやColab Pro+などの有料サービスも提供している。有料サービスでは、より速いGPUやより多くのメモリが利用できたり、タイムアウトが生じにくくなるなどのメリットがあるとしている。

まとめ_5

この章では、グラフニューラルネットワークを実装するための準備として、Pythonやインポートするライブラリ、プログラミング環境などについて述べた。ライブラリによっては、バージョンアップを頻繁に繰り返すものもあるため、詳細な記述は避け、各々の役割や他との関係などについて大まかに紹介した。

世の中には数多くのライブラリがあり、その中のどれを選ぶかを決めるのは必ずしも簡単ではない。途中で開発が止まってしまうようなライブラリを避けたいのは当然であるが、それをあらかじめ予測することは困難である。ライブラリ自体の使い勝手に加えて、周りの多くの人が使っているか、情報が得られやすいかなども考えたうえでライブラリを選択するのが望ましい。ライブラリによっては依存関係があったり、関数名がぶつかったりするものもあるため、必要に応じてstackoverflowなどのナレッジコミュニティでの議論を参照することによって、問題が解決することがある。

Chapter 6

Graph Neural Networks

第 6 章

PyTorch Geometricによる実装

6.1 PyTorch

PyTorchは、Pythonベースの科学計算パッケージであり、2つの大きな特徴を持つ。

- GPUなどのアクセラレータのパワーを利用するためのNumPyの代替品
- ニューラルネットワークの実装に便利な自動微分ライブラリ

PyTorchはFacebookのAIグループによって開発された深層学習フレームワークである。PyTorchはオブジェクト指向プログラミングが可能で、クラスを用いてニューラルネットワークを構成する。

PyTorch以外の深層学習のフレームワークとしては、TensorFlow、Kerasなどがある。TensorFlowはGoogleによって2015年から開発されており、多くのドキュメンテーションが蓄積されている。KerasはTensorFlowなどのフレームワークの上部で動作するラッパーである。KerasのプログラムはTensorFlowなどと比べてシンプルであるが、実行速度が比較的遅いことが指摘されている。深層学習フレームワークのChainerは、データを流しながらネットワークの構築と計算を動的に行うDefine-by-Runというモデル設計手法を取り入れている。Preferred Networks（PFN）からリリースされているが、PFNは2019年にChainerから、Facebookが主導して開発しているPyTorchに順次移行すると発表している。

多くの深層学習フレームワークは、他のフレームワークの良いところを自身に取り込んできている。後述するPyTorch GeometricはPyTorchを前提にしたものであるため、本章ではPyTorchについて解説していく。PyTorchのインストール方法や実行環境については、PyTorchのGet Startedのサイトに記載されている。

PyTorchのGet Startedのサイト
https://pytorch.org/get-started/locally/

ローカルのパソコン上、特にWindows環境でPythonとPyTorchをインストールする場合は、Pythonのインストール方法によってPyTorchのインストール方法も変わってくるので注意が必要である。本書では、ローカルのパソコン上ではなく、Google Colaboratory上でPyTorchを使用することを想定している。

PyTorchはバージョンアップを繰り返しており、バージョンに合ったCUDA Toolkitを選択する必要がある。Google Colaboratoryでどのバージョンのpytorchを使えばよいかを知るには、以下のPyTorch Geometricのチュートリアルサイト「Colab Notebooks and Video Tutorials」に掲載されているGoogle Colaboratoryのサンプルコード「1. Introduction: Hands-on Graph Neural Networks」を参照するとよい。多くの場合、その時点での最新のバージョンが記載されている。

Colab Notebooks and Video Tutorials
https://pytorch-geometric.readthedocs.io/en/latest/notes/colabs.html

本書でPyTorchのすべての機能を詳細に説明するには紙幅が限られている。詳細については解説書や、以下のサイトなどを参照していただきたい。

PyTorchチュートリアル（日本語翻訳版）
https://yutaroogawa.github.io/pytorch_tutorials_jp/

PyTorch Tutorials
https://pytorch.org/tutorials/

PyTorch Documentation
https://pytorch.org/docs/stable/index.html

本節のPyTorchについては、PyTorch Geometric Tutorial［21］の「PyTorch basics」を参考にした[1]。

PyTorch basics（PyTorch Geometric Tutorial）
https://antoniolonga.github.io/Pytorch_geometric_tutorials/posts/post2.html

以下では、PyTorchによるニューラルネットワーク学習の基本となる4つの項目について説明する。

- データセット
- モデル
- 損失
- 最適化

6.1.1 データセット

まず、numpy、torch、matplotlibなどをインポートする（**Listing 6.1**）。

[1] 引用にあたり、Fondazione Bruno Kessler（FBK）のGabriele Santin氏に問い合わせたところ、快諾をいただいた。

Listing 6.1 **インポート**

```
import numpy as np
import torch
import matplotlib.pyplot as plt
from matplotlib import colors
plt.rcParams.update({'font.size': 16})
```

以下では例として、次の線形モデルについて実装を行う。

$$x \mapsto model(x) := Ax + b$$

ここでAおよびbは$A \in \mathbb{R}^{input_dim \times output_dim}$、$b \in \mathbb{R}^{output_dim}$である。すなわち、入力$x$の次元が$input_dim$、出力$y$の次元が$output_dim$である。$A$は「重み」、$b$は「バイアス」と呼ばれる。ここでは単純化するために入力と出力を1次元としているが、別の値でも動作する。

次に真のモデル（true_model）として**Listing 6.2**を示す。np.random.randは0以上1未満の乱数配列を生成する関数であり、Aについては$input_dim \times output_dim$次元の行列、$b$については$output_dim$次元の配列となる。このように2を掛けて1を引くことによって、値として-1から+1の範囲の乱数となる。

Listing 6.2 **真のモデル**

```
input_dim = 1
output_dim = 1

A = 2 * np.random.rand(output_dim, input_dim) - 1
b = 2 * np.random.rand(output_dim) - 1

true_model = lambda x: A @ x + b
```

このモデル（true_model）をデータから学習することを考える。そのため、np.random.randで乱数を生成して（X_train）、真のモデルで $Ax_i + b$ を計算してノイズ ν_i を加えたもの（Y_train）を訓練データとして用意する（**Listing 6.3**）。

$$x_i \sim U([0,\ 1])$$
$$y_i = Ax_i + b + \nu_i$$

Listing 6.3 訓練データ

```
n_train = 1000
noise_level = 0.04

# Generate a random set of n_train samples
X_train = np.random.rand(n_train, input_dim)
y_train = np.array([true_model(x) for x in X_train])

# Add some noise
y_train += noise_level * np.random.standard_normal(
    size=y_train.shape)
```

可視化のためのコードを**Listing 6.4**に示す。また、この訓練データを可視化したものを**図6.1**に示す。この訓練データは乱数をもとに生成しており、実行するごとに若干違う分布となるが、いずれも線形モデルにノイズが加わったものであり、真のモデルの周辺に分布していることがわかる。

Listing 6.4 **訓練データの可視化**

```
if input_dim == output_dim == 1:
    fig = plt.figure()
    fig.clf()
    ax = fig.gca()
    ax.plot(X_train, y_train, '.')
    ax.grid(True)
    ax.set_xlabel('X_train')
    ax.set_ylabel('y_train')
```

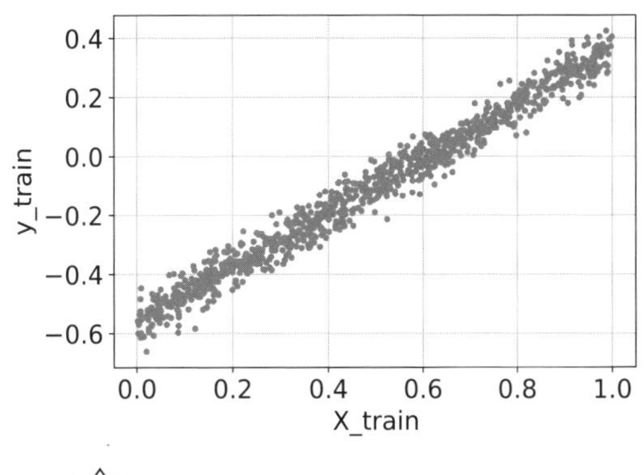

図6.1 **ノイズを加えた訓練データ**

訓練データのベクトルを扱うクラスVectorialDatasetを**Listing 6.5**のように定義する。クラスはインスタンス（オブジェクト）の機能を記述する設計図であり、コンストラクタはインスタンスの生成時に最初に実行されるメソッド（関数）である。最初のdef __init__の部分は、親クラスのtorch.utils.data.Datasetのコンストラクタを呼び出し、その後でインスタンスのinput_dataとoutput_dataに値を代入している。その下のdef __len__やdef __getitem__の部分はそれぞれ、ベクトルの長さ、ベクトルの指定されたIDの入出力の組を返すメソッドである。

Listing 6.5 **VectorialDatasetの定義**

```
#%% Dataset to manage vector to vector data
class VectorialDataset(torch.utils.data.Dataset):
    def __init__(self, input_data, output_data):
        super(VectorialDataset, self).__init__()
        self.input_data = torch.tensor(input_data.astype('f'))
        self.output_data = torch.tensor(output_data.astype('f'))

    def __len__(self):
        return self.input_data.shape[0]

    def __getitem__(self, idx):
        if torch.is_tensor(idx):
            idx = idx.tolist()
        sample = (self.input_data[idx, :],
                  self.output_data[idx, :])
        return sample
```

このクラスのインスタンスとして、訓練データtraining_setを定義する（**Listing 6.6**）。

Listing 6.6 **VectorialDatasetによる訓練データ**

```
training_set = VectorialDataset(input_data=X_train,
                                output_data=y_train)
```

lenメソッドを用いると、訓練データの長さは1,000であることがわかる（**Listing 6.7**）。

Listing 6.7 訓練データの長さ

```
len(training_set)

>>> 1000
```

Listing 6.8 のようにすると、訓練データの10番目と11番目のx_iとy_iの値の組をそれぞれ表示する。

Listing 6.8 訓練データ集合の表示

```
training_set[10:12]

>>> (tensor([[0.7110],
>>>          [0.9682]]), tensor([[1.0613],
>>>          [1.2508]]))
```

torch.utils.data.DataLoaderをもとに、training_set、batch_size、shuffleを入力とするDataLoaderを以下のように定義する（**Listing 6.9**）。

Listing 6.9 DataLoaderの定義

```
batch_size = 120
train_loader = torch.utils.data.DataLoader(training_set,
                     batch_size=batch_size, shuffle=True)
```

batch_sizeによって、訓練データを指定したバッチサイズごとに区切ることができる。以下の例では120 * 8 + 40 = 1000となっている（**Listing 6.10**）。

Listing 6.10 **バッチサイズ**

```
for idx, batch in enumerate(train_loader):
    print('Batch n. %2d: input size=%s, output size=%s' % (idx+1,
          batch[0].shape, batch[1].shape))

>>> Batch n.  1: input size=torch.Size([120, 1]), output size=torch.Size([120, 1])
>>> Batch n.  2: input size=torch.Size([120, 1]), output size=torch.Size([120, 1])
>>> Batch n.  3: input size=torch.Size([120, 1]), output size=torch.Size([120, 1])
>>> Batch n.  4: input size=torch.Size([120, 1]), output size=torch.Size([120, 1])
>>> Batch n.  5: input size=torch.Size([120, 1]), output size=torch.Size([120, 1])
>>> Batch n.  6: input size=torch.Size([120, 1]), output size=torch.Size([120, 1])
>>> Batch n.  7: input size=torch.Size([120, 1]), output size=torch.Size([120, 1])
>>> Batch n.  8: input size=torch.Size([120, 1]), output size=torch.Size([120, 1])
>>> Batch n.  9: input size=torch.Size([40, 1]), output size=torch.Size([40, 1])
```

DataLoaderの引数shuffleをTrueにすることによって、各バッチの要素がランダムに選ばれるようにできる。また、epochは訓練データ全体を使う回数を表している（**Listing 6.11**）。

Listing 6.11 **shuffle**

```
first_batch = []

for epoch in range(2):
    for idx, batch in enumerate(train_loader):
        if idx == 0:
            first_batch.append(batch)

np.c_[X_train[:batch_size], first_batch[0][0].numpy(),
      first_batch[1][0].numpy()]

>>> array([[0.20156216, 0.61068094, 0.82344276],
>>>        [0.86520331, 0.77103108, 0.6770305 ],
>>>        [0.61724291, 0.57544684, 0.48885185],
>>>        [0.24893524, 0.56579852, 0.1143017 ],
>>>        [0.04722654, 0.31607786, 0.42995536],
>>>        [0.66765797, 0.33184731, 0.01705189],
>>>        [0.15940384, 0.24232869, 0.36498693],
>>>        [0.28613081, 0.00282866, 0.98934621],
>>>        [0.51617778, 0.58433253, 0.5772683 ],
>>>        [0.75507899, 0.6495375 , 0.73059553],
>>>        [0.71096322, 0.52253956, 0.79154074], ...
```

6.1.2　モデル

次の線形モデルを実装する。

$$x \mapsto model(x) := Ax + b$$

torch.nnにLinear（線形変換）はすでに用意されているので、それを利用する。ここで$A \in \mathbb{R}^{input_dim \times output_dim}$，$b \in \mathbb{R}^{output_dim}$である。forwardは前向き推論を行うものであり、resetはパラメータをすべてリセットする。このLinearModelをもとにモデルを定義する（**Listing 6.12**）。

Listing 6.12 モデルの定義

```
import torch.nn as nn
import torch

#%% Linear layer
class LinearModel(nn.Module):
    def __init__(self, input_dim, output_dim):
        super(LinearModel, self).__init__()

        self.input_dim = input_dim
        self.output_dim = output_dim

        self.linear = nn.Linear(self.input_dim, self.output_dim,
                                bias=True)

    def forward(self, x):
        out = self.linear(x)
        return out

    def reset(self):
        self.linear.reset_parameters()

model = LinearModel(input_dim, output_dim)
```

これで、**Listing 6.13** のように、定義したモデルの中身を表示したり、パラメータの初期値を表示したりできるようになる。

Listing 6.13 モデルの表示

```
print(model)

>>> LinearModel(
>>>     (linear): Linear(in_features=1, out_features=1,
        bias=True)
>>> )
```

```

list(model.parameters())

>>> [Parameter containing:
>>> tensor([[-0.8274]], requires_grad=True), Parameter
    containing:
>>> tensor([-0.7906], requires_grad=True)]
```

線形モデルのAとbの初期値を表示すると**Listing 6.14**のようになる。

Listing 6.14 **モデルの初期値の表示**

```
model.linear.weight

>>> Parameter containing:
>>> tensor([[-0.8274]], requires_grad=True)

model.linear.bias

>>> Parameter containing:
>>> tensor([-0.7906], requires_grad=True)
```

これらを学習によって真のモデルの値に近づけていく。前向き推論を行うと、真のモデルとは異なる初期値をもとに計算するので、当然ながら正しい値とはならない。

これらの値は、xの値をもとに$model$で定義した$Ax+b$を計算して得られている（**Listing 6.15**）。

Listing 6.15 初期値のモデルによる前向き推論

```
x = torch.randn(5, input_dim)
model.forward(x)

>>> tensor([[-2.6215],
>>>         [-1.3341],
>>>         [-0.3456],
>>>         [ 0.9837],
>>>         [ 0.8940]], grad_fn=<AddmmBackward>)

[model.linear.weight @ xx + model.linear.bias for xx in x]

>>>     [tensor([-2.6215], grad_fn=<AddBackward0>),
>>>      tensor([-1.3341], grad_fn=<AddBackward0>),
>>>      tensor([-0.3456], grad_fn=<AddBackward0>),
>>>      tensor([0.9837], grad_fn=<AddBackward0>),
>>>      tensor([0.8940], grad_fn=<AddBackward0>)]
```

訓練データとモデルを可視化してみる。可視化のためのコードを**Listing 6.16**に、結果を**図6.2**に示す。当然ながら、まったく異なっていることがわかる。

Listing 6.16 訓練データとモデルの可視化

```
if input_dim == output_dim == 1:
    fig = plt.figure()
    fig.clf()
    ax = fig.gca()
    ax.plot(training_set.input_data,
            training_set.output_data, '.')
    ax.plot(training_set.input_data, model.forward(
            training_set.input_data).detach().numpy(), '.')
    ax.grid(True)
    ax.set_xlabel('X_train')
    ax.legend(['y_train', 'model(X_train)'])
```

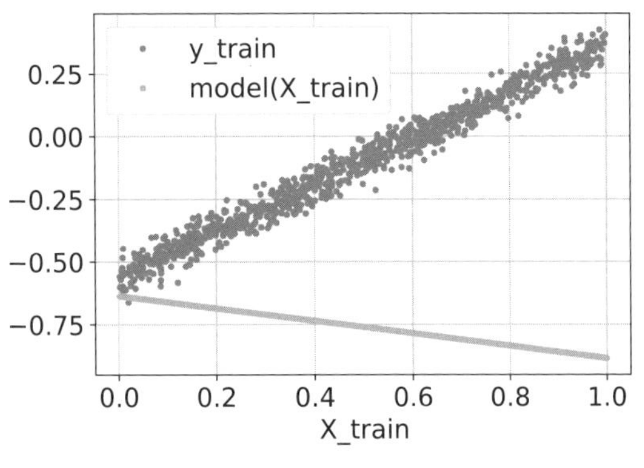

図6.2 訓練前のモデル

6.1.3 損失

損失関数として、平均二乗誤差（Mean Squared Error，MSE）を用いる。この場合、ユークリッド距離とは異なり、平方根ではなく平均を取ることに注意する。

(6.1) >>>
$$MSE(x,\ y) = \frac{1}{n}\sum_{i}(x_i - y_i)^2$$

その他の損失関数については、以下のURLで示したPyTorchのサイトに記載がある。

Loss Functions（PyTorch）
https://pytorch.org/docs/stable/nn.html#loss-functions

今回の例の場合、損失関数は $\frac{(1-0)^2+(2-0)^2+(1-0)^2}{3}=2$ となり、結果は **Listing 6.17** のようになる。

Listing 6.17　**損失の値**

```
import torch.nn as nn
loss_fun = nn.MSELoss(reduction='mean')

x = torch.tensor(np.array([1, 2, 1]).astype('f'))
z = torch.tensor(np.array([0, 0, 0]).astype('f'))
loss_fun(x, z)

>>> tensor(2.)
```

与えられた訓練例をもとに、モデルのパラメータを更新する。データ組（x_i, y_i）の損失は次の式で表される（x_i は入力、$model(x_i)$ はモデルによる出力、y_i は真の出力）。

$$L(model(x_i),\ y_i)$$

訓練データによる損失の累積（平均）は以下のようになる。

$$L(X_{train},\ y_{train}) := \frac{1}{n_{train}} \sum_{i=1}^{n_{train}} L(model(x_i),\ y_i)$$

損失を求めるには **Listing 6.18** のように記述する。実行結果は **図 6.3** のようになる。

Listing 6.18 **訓練データによる損失**

```
if input_dim == output_dim == 1:

    state_dict = model.state_dict()

    ww, bb = np.meshgrid(np.linspace(-2, 2, 30), np.linspace(-2,
                     2, 30))

    loss_values = 0 * ww
    for i in range(ww.shape[0]):
        for j in range(ww.shape[1]):
            state_dict['linear.weight'] = torch.tensor(
                [[ww[i, j]]])
            state_dict['linear.bias'] = torch.tensor(
                [bb[i, j]])
            model.load_state_dict(state_dict)
            loss_values[i, j] = loss_fun(model.forward(
                training_set.input_data),
                training_set.output_data)

    fig = plt.figure(figsize=(10, 8))
    fig.clf()
    ax = fig.gca()
    levels = np.logspace(np.log(np.min(loss_values)), np.log(np.
                     max(loss_values)), 20)
    c=ax.contourf(ww, bb, loss_values, levels=levels,
                norm=colors.LogNorm())
    plt.colorbar(c)
    ax.plot(A[0], b, 'r*', markersize=10)
    ax.set_ylabel('bias')
    ax.set_xlabel('weight')
    ax.legend(['(A, b)'])

    ax.grid(True)
```

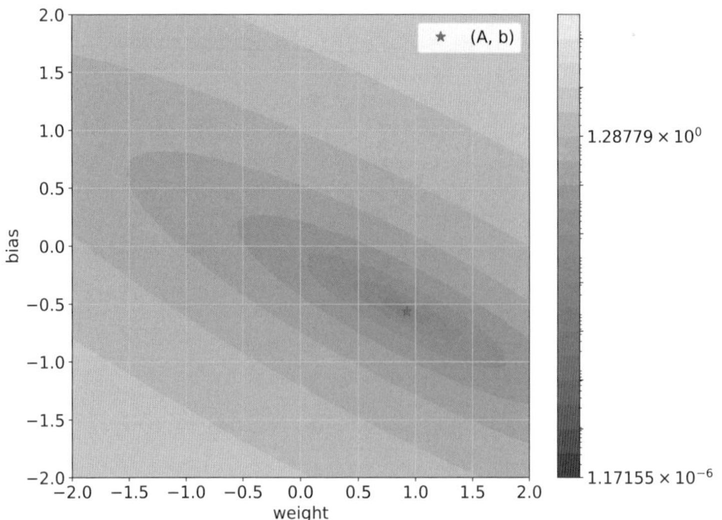

図6.3　パラメータと損失

図6.3は、学習すべきパラメータと対応する損失の値を示している。x軸がAの値（weight）、y軸がbの値（bias）である。中ほどの点（★印の箇所）が（A, b）の真の値の組を示している。背景の色は損失の値を表しており、色が薄いほど損失が大きい。損失が小さくなるようにパラメータの値を学習することによって、真のモデルに近いモデルを得ることができる。この損失関数は凸関数（convex）であり、どの初期値からスタートしても大域的最適解が得られる。

6.1.4　最適化

最適化の目標は、与えられたデータに対して以下の損失を最小化することである。parはモデルのパラメータであり、この例では$par = \{A, b\}$である。

$$\min_{par \in model} L(X_{train}, y_{train}) = \min_{par \in model} \frac{1}{n_{train}} = \sum_{i=1}^{n_{train}} L(x_i, model(x_i))$$

最適化においては、勾配に基づいて以下のようなパラメータ更新を繰り返す。ここで$\eta^{(k)}$は学習率である。

$$
\begin{aligned}
par^{(0)} &= par_0 \\
par^{(k+1)} &= par^{(k)} - \eta^{(k)} \nabla_{par} L(X_{train}, y_{train})
\end{aligned}
$$

この例では、モデルは以下の式で表される。

$$
model(x) = Ax + b
$$

入力と出力の次元は1であるから、$input_dim = output_dim = 1$であり、$A$も$b$も実数である($A := a \in \mathbb{R}, b \in \mathbb{R}$)。データ組$(x, y)$に対して、二乗誤差で表される損失は以下のようになる。

$$
\begin{aligned}
L(x, y) &= \| model(x) - y \|_2^2 \\
&= (model(x) - y)^2 \\
&= (ax + b - y)^2 \\
&= a^2 x^2 + 2abx - 2axy + b^2 - 2by + y^2.
\end{aligned}
$$

これのaとbについての偏微分は以下のようになる。

$$
\begin{aligned}
\nabla_a L(x, y) &= 2ax^2 + 2bx - 2xy = 2x(ax + b - y) \\
\nabla_b L(x, y) &= 2ax + 2b - 2y = 2(ax + b - y).
\end{aligned}
$$

PyTorchで実際に勾配を計算してみる。`torch.randn`によって標準正規分布から乱数で得られた値のテンソルをxとyの値とする。`model.zero.grad()`によって前回計算した勾配を0で初期化し、前向き推論で得られた値`model.forward(x)`と真の値`y`との値から損失`loss`を計算し、それを逆伝播する。得られた勾配と、上記の偏微分の式から得られる勾配とを比較する。これに対する実行例は**Listing 6.19**のようになる。両方の勾配が一致していることがわかる。

Listing 6.19 **勾配の計算**

```
x = torch.randn(1, input_dim)
y = torch.randn(1, output_dim)

model.zero_grad()
loss = loss_fun(model.forward(x),  y)
loss.backward()

if input_dim == output_dim == 1:
    print(model.linear.weight.grad)
    print(2 * x * (model.linear.weight * x +
                   model.linear.bias - y))

    print(model.linear.bias.grad)
    print(2 * (model.linear.weight * x +
               model.linear.bias - y))

>>> tensor([[0.2735]])
>>> tensor([[0.2735]], grad_fn=<MulBackward0>)
>>> tensor([3.5754])
>>> tensor([[3.5754]], grad_fn=<MulBackward0>)
```

A（weight）とb（bias）が勾配によってどのように更新されるかを以下の例で示す。誤差逆伝播で得られたw（weight）とb（bias）に対し、その勾配であるdwとdbに学習率lrを掛けたものを引く更新を繰り返す。wとbの履歴をtrain_histに入れ、それを可視化する（**Listing 6.20**）。

Listing 6.20 **A と b の更新**

```
if input_dim == output_dim == 1:

    num_iter = 200
    lr = 0.5 # 0.01

    train_hist = {}
    train_hist['weight'] = []
    train_hist['bias'] = []

    model.reset()
    state_dict = model.state_dict()

    for _ in range(num_iter):

        model.zero_grad()
        loss = loss_fun(model.forward(training_set.input_data),
                        training_set.output_data)
        loss.backward()

        w = model.linear.weight.item()
        b = model.linear.bias.item()

        dw = model.linear.weight.grad.item()
        db = model.linear.bias.grad.item()

        state_dict['linear.weight'] +=
        torch.tensor([-lr * dw])
        state_dict['linear.bias'] += torch.tensor([-lr * db])
        model.load_state_dict(state_dict)

        train_hist['weight'].append(w)
        train_hist['bias'].append(b)

    for label in train_hist:
        train_hist[label] = np.array(train_hist[label])

if input_dim == output_dim == 1:
    fig = plt.figure(figsize=(8, 8))
    fig.clf()
```

```
    ax = fig.gca()
    levels = np.logspace(np.log(np.min(loss_values)),
                         np.log(np.max(loss_values)), 20)
    ax.contourf(ww, bb, loss_values, levels=levels,
                norm=colors.LogNorm())
    ax.set_xlabel('weight')
    ax.set_ylabel('bias')
    ax.grid(True)
    ax.set_xlim(-2, 2)
    ax.set_ylim(-2, 2)

    ax.plot(train_hist['weight'], train_hist['bias'], '.-b')
    ax.plot(A[0], b, 'r*', markersize=10)

    ax.legend(['optim', '(A, b)'])
```

Listing 6.20 の実行結果を**図 6.4** に示す。パラメータが初期値から真の値に近づいていく様子がわかる。

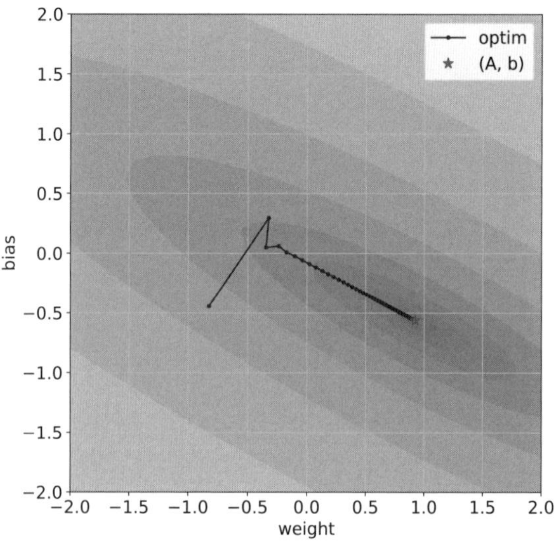

図 6.4　パラメータ w と b の更新履歴

確率的勾配降下法（Stochastic Gradient Descent, SGD）は、モデルの評価にすべての訓練データを用いるのではなく、その一部（バッチ）$(X^{(k)}, y^{(k)}) \sim (X_{train}, y_{train})$ に対する損失を計算する。

$$L(X^{(k)}, y^{(k)}) := \sum_{(x,y)\in(X^{(k)}, y^{(k)})} L(x, model(x)).$$

そして、その損失による近似勾配でパラメータの更新を繰り返す。

$$par^{(k+1)} = par^{(k)} - \eta^{(k)} \nabla_{par} L(X^{(k)}, y^{(k)}).$$

以下では最適化にAdamを用いた例を示す。エポック数は100とする。実行結果は**Listing 6.21**の最下部のようになる。各エポックごとに9個に分割された訓練データを用いてパラメータの更新を行い、それを100エポック繰り返す。最終的な損失は`1.76e-03`、すなわち1.76×10^{-03}となることがわかる。

Listing 6.21 **Adamによる最適化**

```
lr = 0.1
weight_decay = 5e-4
optimizer = torch.optim.Adam(model.parameters(), lr=lr,
                             weight_decay=weight_decay)

n_epochs = 100
train_hist = {}
train_hist['loss'] = []

if input_dim == output_dim == 1:
    train_hist['weight'] = []
    train_hist['bias'] = []

# Initialize training
model.reset()
model.train()
```

```

for epoch in range(n_epochs):
    for idx, batch in enumerate(train_loader):
        optimizer.zero_grad()
        loss = loss_fun(model.forward(batch[0]),  batch[1])
        loss.backward()
        optimizer.step()

        train_hist['loss'].append(loss.item())
        if input_dim == output_dim == 1:
            train_hist['weight'].append(
                model.linear.weight.item())
            train_hist['bias'].append(
                model.linear.bias.item())

        print('[Epoch %4d/%4d] [Batch %4d/%4d] Loss: % 2.2e' %
              (epoch + 1, n_epochs, idx + 1, len(train_loader),
               loss.item()))

model.eval()

>>> [Epoch    1/ 100] [Batch    1/    9] Loss:  9.47e-01
>>> [Epoch    1/ 100] [Batch    2/    9] Loss:  7.62e-01
>>> [Epoch    1/ 100] [Batch    3/    9] Loss:  5.49e-01
>>> [Epoch    1/ 100] [Batch    4/    9] Loss:  4.19e-01
>>> [Epoch    1/ 100] [Batch    5/    9] Loss:  2.60e-01
>>> [Epoch    1/ 100] [Batch    6/    9] Loss:  1.70e-01
>>> [Epoch    1/ 100] [Batch    7/    9] Loss:  1.52e-01
>>> [Epoch    1/ 100] [Batch    8/    9] Loss:  1.44e-01
>>> [Epoch    1/ 100] [Batch    9/    9] Loss:  2.00e-01
>>> ...
>>> [Epoch  100/ 100] [Batch    1/    9] Loss:  1.31e-03
>>> [Epoch  100/ 100] [Batch    2/    9] Loss:  1.67e-03
>>> [Epoch  100/ 100] [Batch    3/    9] Loss:  1.35e-03
>>> [Epoch  100/ 100] [Batch    4/    9] Loss:  1.54e-03
>>> [Epoch  100/ 100] [Batch    5/    9] Loss:  1.62e-03
>>> [Epoch  100/ 100] [Batch    6/    9] Loss:  1.78e-03
>>> [Epoch  100/ 100] [Batch    7/    9] Loss:  1.51e-03
>>> [Epoch  100/ 100] [Batch    8/    9] Loss:  1.10e-03
>>> [Epoch  100/ 100] [Batch    9/    9] Loss:  1.76e-03
>>> LinearModel(
```

```
>>> (linear): Linear(in_features=1, out_features=1, bias=True)
>>> )
```

パラメータの更新過程を可視化したものを**Listing 6.22**に示す。

Listing 6.22 パラメータの更新過程の可視化

```
if input_dim == output_dim == 1:
    n_test = 500
    X_test = np.random.rand(n_test, input_dim)
    y_pred = []

    state_dict = model.state_dict()

    for idx in range(len(train_hist['weight'])):
        state_dict['linear.weight'] = torch.tensor(
            [[train_hist['weight'][idx]]])
        state_dict['linear.bias'] = torch.tensor(
            [train_hist['bias'][idx]])
        model.load_state_dict(state_dict)

        y_pred.append(model.forward(torch.tensor(
            X_test.astype('f'))).detach().numpy())

if input_dim == output_dim == 1:
    fig = plt.figure(figsize=(15, 5))
    fig.clf()

    ax = fig.add_subplot(1, 3, 1)
    levels = np.logspace(np.log(np.min(loss_values)),
                         np.log(np.max(loss_values)), 20)
    ax.contourf(ww, bb, loss_values, levels=levels,
                norm=colors.LogNorm())
    ax.plot(train_hist['weight'], train_hist['bias'], '.-b')
    ax.plot(A[0], b, 'r*', markersize=10)
    ax.set_xlabel('weight')
    ax.set_ylabel('bias')
```

```
    ax.legend(['optim', '(A, b)'])
    ax.grid(True)
    ax.set_xlim(-2, 2)
    ax.set_ylim(-2, 2)

    ax = fig.add_subplot(1, 3, 2)
    ax.loglog(np.abs(train_hist['loss']))
    ax.set_xlabel('Iter')
    ax.set_ylabel('Loss')
    ax.grid(True)

    ax = fig.add_subplot(1, 3, 3)
    ax.plot(X_train, y_train, '.')
    a=ax.plot(X_test, y_pred[0], '-', alpha=0.1)
    for y in y_pred[1:]:
        ax.plot(X_test, y, '-', alpha=0.1,
                color=a[0].get_color())
    ax.plot(X_test, y_pred[-1], 'k')
    ax.grid(True)

    fig.tight_layout()

else:
    fig = plt.figure()
    fig.clf()
    ax = fig.gca()
    ax.loglog(np.abs(train_hist['loss']))
    ax.set_xlabel('Iter')
    ax.set_ylabel('Loss')
    ax.grid(True)
```

Listing 6.22の実行結果を**図6.5**に示す。左上図はパラメータAとbが初期値から真の値に近づいていく過程を示している。右上図は反復によって損失が減少していく過程を示している。左下図は最終的に得られる線形モデルと、元の訓練データの分布を示している。

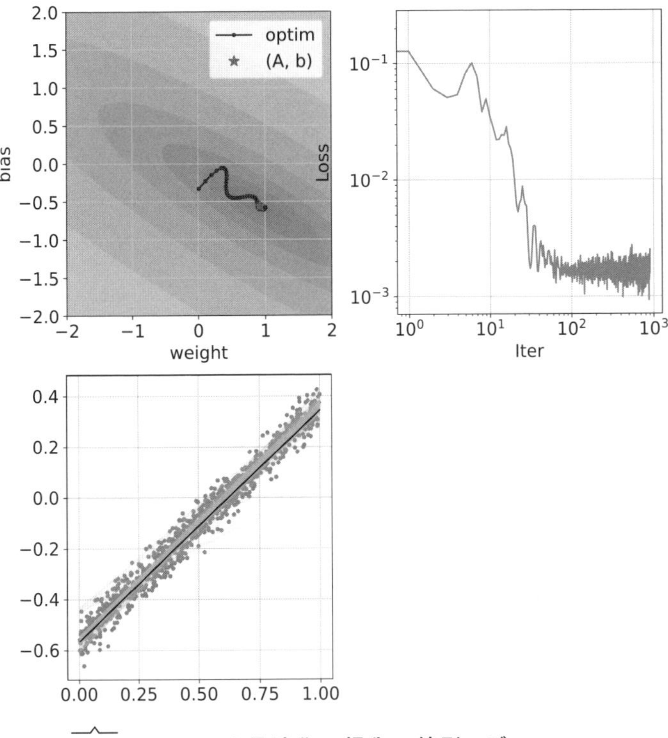

図6.5 パラメータ最適化・損失・線形モデル

本節では、ごく簡単な関数の学習例をもとにPyTorchの特徴や振る舞いについて説明した。

PyTorchについての詳細な説明や関数のマニュアルとしては、以下に挙げているPyTorchのチュートリアル類を参照することをお勧めする。

PyTorch Tutorials
https://pytorch.org/tutorials/

PyTorchチュートリアル（日本語翻訳版）
https://yutaroogawa.github.io/pytorch_tutorials_jp/

6.2 PyTorch Geometric入門

この節では、グラフニューラルネットワークを実装するライブラリとしてよく用いられるPyTorch Geometricについて解説する。

6.2.1 PyTorch Geometricとは

PyTorch Geometric（PyG）は、ドルトムント工科大学のMatthias Fey氏らによって開発された、PyTorchの幾何学的深層学習の拡張のためのライブラリである。グラフやその他の不規則な構造に対する深層学習のための多くの手法（例えばGCNやGraphSAGEなどの）を、さまざまな発表論文から実装している。さらに、多数の小さなグラフや単一の巨大なグラフのための使いやすいミニバッチローダー、マルチGPUサポート、多くの一般的なベンチマークデータセット、任意のグラフのみならず3次元メッシュやポイントクラウドでの学習に役立つ変換などから構成されている。

PyTorch Geometric（PyG）
https://github.com/pyg-team/pytorch_geometric

6.2.2 類似ライブラリとの比較

PyTorch Geometric以外のグラフニューラルネットワークのライブラリとして、以下のものがある。

Deep Graph Library（DGL）
https://www.dgl.ai/

Graph Nets
https://github.com/deepmind/graph_nets

DGLはPyTorch、MXNet、TensorFlow上でグラフニューラルネットワークを実装するためのPythonライブラリであり、Graph NetsはDeepMind社によって開発された、TensorFlowやSonnet上でグラフニューラルネットワークを構築するためのライブラリである。PyTorchでなくTensorFlowをベースとしている。

PyTorch GeometricとDGLの比較については、PyTorch Geometricを開発したMatthias Fey自身によるコメントがGitHubに投稿されている。

> 両方を試してみて、どちらがいいかを見極めるのがいい。どちらのライブラリも似たような機能を提供しており、基本的にはユーザーの好みによる。性能面でも似ており、PyTorch Geometricで少し速くなるものと、少し遅くなるものがある。ただDGLのほうが、スパースな行列乗算で表現できるGNNのメモリ管理において優れているが、PyTorch Geometricもすぐに追いつくだろう。
>
> 個人的には、DGLは低レベルのグラフライブラリとして設計されているが、その中心部のほとんどはC++のAPIの後ろに隠されていて修正が難しいように感じる。ハイレベルなサポートのほとんどは、そのサンプルに委託されている。PyTorch Geometricは、低レベル（ユーティリティ関数、メッセージパッシングインターフェイス、サンプリングインターフェイス、GNN実装）と高レベル（モデル）の両方のAPIを提供している。
>
> DGLはサンプリングのサポートが充実している。一方、PyTorch Geometricは、NeighborSampler、GraphSAINT、ClusterGCNによるサンプリングのサポートを強化した。
>
> データ処理の面では、networkxが好きかどうかという問題に帰着する。DGLはnetworkxと似たグラフインターフェイスを持っているが、PyTorch Geometricはすべてのデータを純粋なPyTorchテンソルとして提

供する。

出所：What is the relationship between DGL and PyG? #1365
https://github.com/pyg-team/pytorch_geometric/issues/1365

PyTorchのコードを整理し、よく使う機能のユーティリティを提供するのに役立つ、軽量のPyTorchラッパーとしてPyTorch Lightningがある。これはTensorFlowにおけるKerasに相当するパッケージであり、可読性の高いコードにすることができる。Lightningに類似するものとしては、catalyst、fastai、igniteがある。

Lightning
https://www.pytorchlightning.ai/

catalyst
https://github.com/catalyst-team/catalyst

fastai
https://docs.fast.ai/

ignite
https://github.com/pytorch/ignite

6.2.3 PyTorch Geometricによるグラフのデータ構造

本節のPyTorch Geometricの解説はPyG DocumentationのIntroduction by Exampleを参考にしている[1]。

[1] 本書への引用にあたりドルトムント工科大学のMatthias Fey氏に問い合わせたところ、快諾をいただいた。

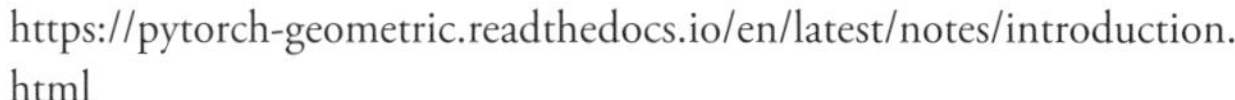

Introduction by Example（PyG Documentation）
https://pytorch-geometric.readthedocs.io/en/latest/notes/introduction.html

PyTorch Geometricを使うことで、グラフニューラルネットワークを簡単に実装できる。以下ではIntroduction by Examplesをベースに、データ構造や実装の例を示す。グラフはオブジェクト（ノード）間の対の関係（エッジ）をモデル化するために使用される。PyTorch Geometricのグラフは`torch_geometric.data.Data`のインスタンスで記述され、以下の属性を持つ。

- **data.x**：`[num_nodes, num_node_features]`の形のノードの特徴行列である。行列の行数はノード数、列数はノードの特徴数である。
- **data.edge_index**：座標形式のグラフ接続性、`[2, num_edges]`の形で型は`torch.long`である。行列の行数はエッジの端点数(2)、列数はエッジの数である。
- **data.edge_attr**：`[num_edges, num_edge_features]`の形のエッジの特徴行列である。行列の行数はエッジ数、列数はエッジの特徴数である。
- **data.y**：（任意の形の）訓練の目標である。ノード分類の場合は`[num_nodes, *]`の形の行列で、行がノード数、列がノードのクラス数。グラフ分類の場合は`[1, *]`の形の行列で、行がグラフ数（1)、列がグラフのクラス数である。
- **data.pos**：`[num_nodes, num_dimensions]`の形のノードの位置行列である。行がノード数、列が各ノードの位置である。

これらの属性はいずれも必須ではない。`Data`オブジェクトはこれらの属性に限定されるものでもない。ここでは、3つのノードと4つのエッジを持つ、重みのない無向グラフの簡単な例を**図6.6**に示す。各ノードは1つの特徴x_1を有している。行列の行と列については**図6.7**を参照のこと。**Listing 6.23**のコードでは、この無向グラフをDataオブジェクトとして定義している。

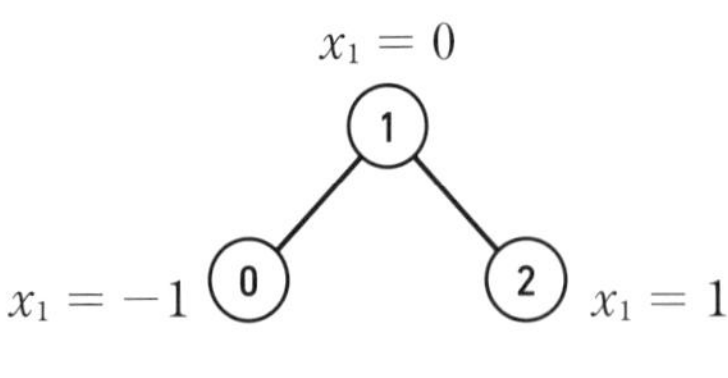

図6.6　3ノードのグラフの例

Listing 6.23　**無向グラフの定義（1）**

```
# Install required packages.
import os
import torch
os.environ['TORCH'] = torch.__version__
print(torch.__version__)

!pip install -q torch-scatter -f https://data.pyg.org/whl/torch-${TORCH}.html
!pip install -q torch-sparse -f https://data.pyg.org/whl/torch-${TORCH}.html
!pip install -q git+https://github.com/pyg-team/pytorch_geometric.git
import torch
from torch_geometric.data import Data

edge_index = torch.tensor([[0, 1, 1, 2],
                           [1, 0, 2, 1]], dtype=torch.long)
x = torch.tensor([[-1], [0], [1]], dtype=torch.float)

data = Data(x=x, edge_index=edge_index)

>>> Data(x=[3, 1], edge_index=[2, 4])
```

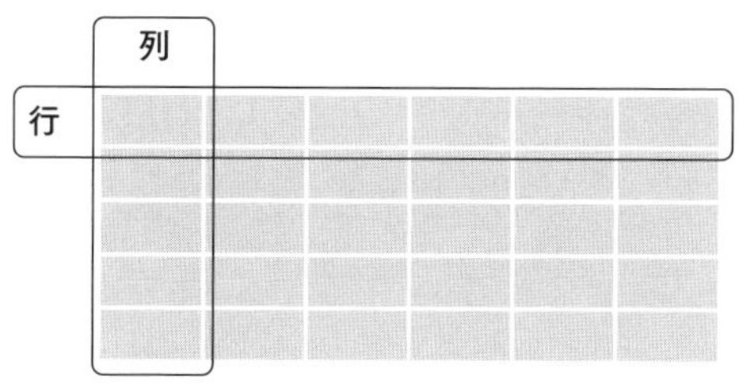

図6.7 行列の行と列

すべてのエッジの出発ノードと到着ノードを定義するテンソルedge_indexの代わりに、エッジの端点のペアのリストとして記述したい場合は、**Listing 6.24**のようにリストをデータコンストラクタに渡す前にインデックスを転置してcontiguous関数を呼び出す必要がある。今回のグラフには2本のエッジしかないが、エッジの両方向を考慮して4つのインデックスタプルを定義する必要がある。**Listing 6.24**では、同じ無向グラフをエッジの端点のペアのリストとして定義している。

Listing 6.24 無向グラフの定義(2)

```
import torch
from torch_geometric.data import Data

edge_index = torch.tensor([[0, 1],
                           [1, 0],
                           [1, 2],
                           [2, 1]], dtype=torch.long)
x = torch.tensor([[-1], [0], [1]], dtype=torch.float)

data = Data(x=x, edge_index=edge_index.t().contiguous())

>>> Data(x=[3, 1], edge_index=[2, 4])
```

Dataは単なるPythonオブジェクトであるだけでなく、以下のような多くのユーティリティ関数を提供する。以下では関数の例を示すが、関数すべてのリストはtorch_geometric.data.Dataにある。

- dictのkey
- ノードの特徴
- keyの列挙
- 入力keyの有無
- ノード数
- エッジの数
- ノードの特徴の数
- 孤立ノードの有無
- 自己ループの有無
- 有向／無向グラフ

Listing 6.25のコードでは、先に定義した無向グラフに対するこれらの関数の使用例を示している。

Listing 6.25　**関数の使用例**

```
print(data.keys)
>>> ['x', 'edge_index']

print(data['x'])
>>> tensor([[-1.],
            [0.],
            [1.]])
for key, item in data:
    print("{} found in data".format(key))
>>> x found in data
>>> edge_index found in data
'edge_attr' in data
>>> False
```

```
data.num_nodes
>>> 3
data.num_edges
>>> 4
data.num_node_features
>>> 1
data.contains_isolated_nodes()
>>> False
data.contains_self_loops()
>>> False
data.is_directed()
>>> False
# Transfer data object to GPU.
# device = torch.device('cuda')
# data = data.to(device)
```

6.2.4 よく使われるベンチマークデータセット

PyTorch Geometricは、よく使われるベンチマークデータが数多く利用できるようになっている。例えばPlanetoidデータセット（Cora、Citeseer、Pubmed）や、グラフ分類データセット（TUDataset）およびそれをクリーニングしたもの、QM7/QM9データセット、FAUST、ModelNet10/40、ShapeNetなどの3Dメッシュ／ポイントクラウドデータセットなどがある。

TUDataset
http://graphkernels.cs.tu-dortmund.de

PyTorch Geometricにおけるデータセットの初期化は簡単であり、初期化するとそのデータセットの元ファイルを自動的にダウンロードし、先に述べた`Data`形式に加工する。例えばクラス数6の600個のグラフからなる酵素を表すENZYMESデータセットを読み込むには**Listing 6.26**のようにする。これでデータセットに含まれる600個のグラフすべてにアクセスできる。

Listing 6.26 **ENZYMESデータセットの読み込み**

```
from torch_geometric.datasets import TUDataset
dataset = TUDataset(root='/tmp/ENZYMES', name='ENZYMES')
>>> ENZYMES(600)
len(dataset)
>>> 600
dataset.num_classes
>>> 6
dataset.num_node_features
>>> 3

data = dataset[0]
>>> Data(edge_index=[2, 168], x=[37, 3], y=[1])
data.is_undirected()
>>> True
```

このコードではENZYMESデータセットの0番目（最初）のグラフにアクセスしている。このグラフには37個のノードがあり、それぞれが3つの特徴を持っていることがわかる。168を2で割った84個の無向エッジがあり、グラフには1つのクラスがある。また`Data`オブジェクトは、ちょうど1つのグラフレベルのターゲットを持っている。

データセットを分割するために、slice、long tensor、byte tensorを使用することもできる。例えば90/10の訓練/テストの分割を行うには**Listing 6.27**のようにする。

Listing 6.27 **データセットの分割**

```
train_dataset = dataset[:540]
>>> ENZYMES(540)
test_dataset = dataset[540:]
>>> ENZYMES(60)
```

分割する前にデータセットがすでにシャッフルされているかどうかわからない場合は、**Listing 6.28**のように実行してデータセットをランダムに順序を変えることができる。

Listing 6.28　**データセットのshuffle**

```
dataset = dataset.shuffle()
>>> ENZYMES(600)

perm = torch.randperm(len(dataset))
dataset = dataset[perm]
>> ENZYMES(600)
```

別の例として、半教師付きグラフノード分類の標準的なベンチマークデータセットであるCoraを読み込んでみる（**Listing 6.29**）。

Listing 6.29　**Coraの読み込み**

```
from torch_geometric.datasets import Planetoid
dataset = Planetoid(root='/tmp/Cora', name='Cora')
>>> Cora()
len(dataset)
>>> 1
dataset.num_classes
>>> 7
dataset.num_node_features
>>> 1433
```

Coraは引用ネットワークであり、ノードは論文、エッジは引用関係を表している。各ノードは論文を出現単語で特徴表現とするBag-of-Words表現に変換したベクトルを特徴量として持つ。各ノードは論文のカテゴリ（`Case_Based`、`Genetic_Algorithms`、`Neural_Networks`、

Probabilistic_Methods、Reinforcement_Learning、Rule_Learning、Theory）をクラスラベルとして持つ。このデータセットは1つの無向グラフだけを含んでいる（**Listing 6.30**）。

Listing 6.30　**Coraデータセットの表示**

```
data = dataset[0]
>>> Data(edge_index=[2, 10556], test_mask=[2708],
         train_mask=[2708], val_mask=[2708],
         x=[2708, 1433], y=[2708])
data.is_undirected()
>>> True
data.train_mask.sum().item()
>>> 140
data.val_mask.sum().item()
>>> 500
data.test_mask.sum().item()
>>> 1000
```

このDataオブジェクトには、各ノードのラベルと、train_mask、val_mask、test_maskという属性が追加されている。それぞれの意味は以下のとおりである。

- **train_mask**：どのノードに対して訓練を行うかを示す（140ノード）
- **val_mask**：early stoppingなどの検証に使用するノードを示す（500ノード）
- **test_mask**：テストを行うノードを示す（1,000ノード）

6.2.5　ミニバッチ

ニューラルネットワークの学習は通常、バッチを用いて行われる。PyTorch Geometricは、edge_indexで定義される疎なブロック対角隣接行列を生成し、特徴量とターゲット行列をノード次元で連結することで、ミニバッチでの並列化を実現している。この構成によって、異なる数のノードとエッジを持つ例を1つのバッチ内で作ることができる。

$$\mathbf{A} = \begin{bmatrix} \mathbf{A}_1 & & \\ & \ddots & \\ & & \mathbf{A}_n \end{bmatrix}, \quad \mathbf{X} = \begin{bmatrix} \mathbf{X}_1 \\ \vdots \\ \mathbf{X}_n \end{bmatrix}, \quad \mathbf{Y} = \begin{bmatrix} \mathbf{Y}_1 \\ \vdots \\ \mathbf{Y}_n \end{bmatrix}$$

PyTorch Geometricには独自の`torch_geometric.data.DataLoader`が含まれており、連結処理はすでに行われている（**Listing 6.31**）。

Listing 6.31　PyTorch GeometricのDataLoader

```
from torch_geometric.datasets import TUDataset
from torch_geometric.data import DataLoader

dataset = TUDataset(root='/tmp/ENZYMES',
                    name='ENZYMES', use_node_attr=True)
loader = DataLoader(dataset, batch_size=32, shuffle=True)

for batch in loader:
    batch
    >>> DataBatch(edge_index=[2, 4522], x=[1155, 21], y=[32],
        batch=[1155], ptr=[33])

    batch.num_graphs
    >>> 32
```

`torch_geometric.data.Batch`は`torch_geometric.data.Data`を継承しており、`batch`という属性が追加されている。`batch`は列ベクトルで、各ノードをバッチ内の各グラフにマッピングする。

$$batch = [0 \cdots 0\ 1 \cdots n{-}2\ n{-}1 \cdots n{-}1]^T$$

例えばノード次元におけるノードの特徴を各グラフで個別に平均化したりするために使用できる（**Listing 6.32**）。

Listing 6.32 **torch_scatter**

```
from torch_scatter import scatter_mean
from torch_geometric.datasets import TUDataset
from torch_geometric.data import DataLoader

dataset = TUDataset(root='/tmp/ENZYMES',
                    name='ENZYMES', use_node_attr=True)
loader = DataLoader(dataset, batch_size=32, shuffle=True)

for data in loader:
    data
    >>> DataBatch(edge_index=[2, 4110], x=[1057, 21],
        y=[32], batch=[1057], ptr=[33])

    data.num_graphs
    >>> 32

    x = scatter_mean(data.x, data.batch, dim=0)
    x.size()
    >>> torch.Size([32, 21])
```

6.2.6 データ変換

コンピュータビジョン用のライブラリであるtorchvisionで画像を変換したりデータを拡張したりするときにデータ変換を行う。PyTorch Geometricには独自の変換があり、入力として`Data`オブジェクトを受け取り、新しく変換された`Data`オブジェクトを返す。変換は`torch_geometric.transforms.Compose`を使って連結することができ、処理されたデータセットを保存する前（`pre_transform`）や、データセット内のグラフにアクセスする前（`transform`）に変換を行える。

例として、17,000個の3次元形状のポイントクラウドと、それぞれに

16の形状カテゴリからのラベルが付いたShapeNetデータセットにデータ変換を施したものを**Listing 6.33**に示す。

Listing 6.33 **データ変換**

```
from torch_geometric.datasets import ShapeNet

dataset = ShapeNet(root='/tmp/ShapeNet', categories=['Airplane'])

dataset[0]
>>> Data(x=[2518, 3], y=[2518], pos=[2518, 3], category=[1])
```

変換によってポイントクラウドから最近傍グラフを生成することによって、ポイントクラウドデータセットをグラフデータセットに変換できる。ここでは`pre_transform`を使って保存する前にデータを変換している(その結果としてロード時間が短くなる)。次に使用する際にはデータセットは初期化され、変換をしなくてもグラフのエッジが含まれている(**Listing 6.34**)。

Listing 6.34 **pre_transform**

```
import torch_geometric.transforms as T
from torch_geometric.datasets import ShapeNet

dataset = ShapeNet(root='/tmp/ShapeNet', categories=['Airplane'],
                   pre_transform=T.KNNGraph(k=6))
dataset[0]
>>> Data(x=[2518, 3], y=[2518], pos=[2518, 3], category=[1])
```

また`transform`の引数を使って、`Data`オブジェクトをランダムに拡張する(すなわち各ノードの位置を少しずつ変える)ことができる。

実装されている変換の全リストはtorch_geometric.transformsにある（**Listing 6.35**）。

Listing 6.35 **transform**

```
import torch_geometric.transforms as T
from torch_geometric.datasets import ShapeNet

dataset = ShapeNet(root='/tmp/ShapeNet',
                   categories=['Airplane'],
                   pre_transform=T.KNNGraph(k=6),
                   transform=T.RandomTranslate(0.01))

dataset[0]
>>> Data(x=[2518, 3], y=[2518], pos=[2518, 3], y=[2518])
```

6.2.7 グラフの学習手法

PyTorch Geometricでのデータの扱い、データセット、ローダー、変換について述べたところで、グラフニューラルネットワークを実装する。ここではグラフ畳み込みとしてGCNを使用し、Cora引用データセットで実験を行う。まず、Coraデータセットを読み込む（**Listing 6.36**）。

Listing 6.36 **Coraの読み込み**

```
from torch_geometric.datasets import Planetoid

dataset = Planetoid(root='/tmp/Cora', name='Cora')
>>> Cora()
```

ここでは変換やデータローダーは使用する必要はない。次に2層のGCNを実装する（**Listing 6.37**）。

Listing 6.37 **2層のGCN**

```
import torch
import torch.nn.functional as F
from torch_geometric.nn import GCNConv

class Net(torch.nn.Module):
    def __init__(self):
        super(Net, self).__init__()
        self.conv1 = GCNConv(dataset.num_node_features, 16)
        self.conv2 = GCNConv(16, dataset.num_classes)

    def forward(self, data):
        x, edge_index = data.x, data.edge_index

        x = self.conv1(x, edge_index)
        x = F.relu(x)
        x = F.dropout(x, training=self.training)
        x = self.conv2(x, edge_index)

        return F.log_softmax(x, dim=1)
```

初期化関数（`def __init__(self)`）は、前向き推論で呼び出される2つのGCNConv層を定義している。非線形性は畳み込みには組み込まれていないため、あとから適用する必要があることに注意する（これはPyTorch Geometricのすべての演算子で一貫している）。ここでは中間的な非線形性としてReLUを使い、最終的にクラス数に対応したソフトマックス分布を出力することにしている。このモデルを訓練ノードで200エポック訓練する。最後にこのモデルをテストノードで評価する（**Listing 6.38**）。

Listing 6.38 **訓練と評価**

```
device = torch.device('cuda' if torch.cuda.is_available()
else 'cpu')
model = Net().to(device)
data = dataset[0].to(device)
optimizer = torch.optim.Adam(model.parameters(), lr=0.01,
                             weight_decay=5e-4)

model.train()
for epoch in range(200):
    optimizer.zero_grad()
    out = model(data)
    loss = F.nll_loss(out[data.train_mask],
    data.y[data.train_mask])
    loss.backward()
    optimizer.step()

model.eval()
_, pred = model(data).max(dim=1)
correct = int(pred[data.test_mask].eq(
    data.y[data.test_mask]).sum().item())
acc = correct / int(data.test_mask.sum())
print('Accuracy: {:.4f}'.format(acc))
>>> Accuracy: 0.8150
```

6.3 PyTorch Geometricによるノード分類・グラフ分類

6.3.1 PyTorch Geometricによるエンベディング

この項の内容は、PyTorch GeometricのチュートリアルサイトColab Notebooks and Video Tutorialsに掲載されている「1. Introduction: Hands-on Graph Neural Networks」のサンプルコードを参考にした[2]。

Colab Notebooks and Video Tutorials
https://pytorch-geometric.readthedocs.io/en/latest/notes/colabs.html

まず、今回実行するコードの冒頭部分を**Listing 6.39**に示す。ここでは必要なパッケージのインストールやインポート、可視化の関数の定義を行っている。

Listing 6.39 インポートと可視化

```
# Install required packages.
import os
import torch
os.environ['TORCH'] = torch.__version__
print(torch.__version__)

!pip install -q torch-scatter -f https://data.pyg.org/whl/torch-${TORCH}.html
```

[2] 本書への引用にあたりドルトムント工科大学のMatthias Fey氏に問い合わせたところ、快諾をいただいた。

```
!pip install -q torch-sparse -f https://data.pyg.org/whl/torch-${TORCH}.html
!pip install -q git+https://github.com/pyg-team/pytorch_geometric.git

# Helper function for visualization.
%matplotlib inline
import networkx as nx
import matplotlib.pyplot as plt


def visualize_graph(G, color):
    plt.figure(figsize=(7,7))
    plt.xticks([])
    plt.yticks([])
    nx.draw_networkx(G, pos=nx.spring_layout(G, seed=42),
        with_labels=False, node_color=color, cmap="Set2")
    plt.show()


def visualize_embedding(h, color, epoch=None, loss=None):
    plt.figure(figsize=(7,7))
    plt.xticks([])
    plt.yticks([])
    h = h.detach().cpu().numpy()
    plt.scatter(h[:, 0], h[:, 1], s=140, c=color, cmap="Set2")
    if epoch is not None and loss is not None:
        plt.xlabel(f'Epoch: {epoch}, Loss: {loss.item():.4f}',
                   fontsize=16)
    plt.show()
```

グラフニューラルネットワーク（GNN）の目的は、深層学習の概念を（画像やテキストとは異なり）不規則に構造化されたデータに一般化し、対象とその関係について推論できるようにすることである。グラフ$G=(V, E)$のノード$v \in V$の特徴$x_v^{(l)}$が学習を、隣接ノード$N(v)$からの局所的な情報の集約で反復的に更新するという、単純なニューラルメッセージパッシングスキームで実現している。以下の式の左辺が更新したノード v の特徴、右辺の $f_\theta^{(l+1)}$ が関数、$x_v^{(l)}$ はノード v 自身の特徴、$x_w^{(l)}$ は v の近傍ノード w の特徴である。

$$x_v^{(l+1)} = f_\theta^{(l+1)}\left(x_v^{(l)}, \{x_w^{(l)} : w \in N(v)\}\right)$$

以下では、PyTorch Geometric（PyG）ライブラリをベースにした、グラフニューラルネットワークによるグラフ上の深層学習に関する基本的な概念を紹介する。PyTorch Geometricは、人気の高い深層学習フレームワークPyTorchの拡張ライブラリであり、グラフニューラルネットワークの実装を容易にするさまざまなメソッドやユーティリティで構成されている。

Kipfら［17］にならって、簡単なグラフ構造の例であり、よく知られたZachary's Karate Club Networkを題材にする。このグラフは、空手クラブのメンバー34人のソーシャルネットワークを記述し、クラブの外で交流したメンバー間のリンクを記録したものである。ここでは、メンバーの相互作用から発生するコミュニティを検出することを考える（**Listing 6.40**）。

Listing 6.40 **Karate Club Network**

```
from torch_geometric.datasets import KarateClub

dataset = KarateClub()
print(f'Dataset: {dataset}:')
print('=====================')
print(f'Number of graphs: {len(dataset)}')
print(f'Number of features: {dataset.num_features}')
print(f'Number of classes: {dataset.num_classes}')

>>> Dataset: KarateClub():
>>> =====================
```

```
>>> Number of graphs: 1
>>> Number of features: 34
>>> Number of classes: 4
```

Karate Club Networkデータセットは、1つのグラフから構成され、各ノードには34次元の特徴ベクトルが割り当てられている。グラフには4つのクラスがあり、各ノードが属するコミュニティを表している（**Listing 6.41**）。

Listing 6.41　Karate Club Networkの特徴量

```
data = dataset[0]  # Get the first graph object.

print(data)
print('=========================================================')

# Gather some statistics about the graph.
print(f'Number of nodes: {data.num_nodes}')
print(f'Number of edges: {data.num_edges}')
print(f'Average node degree: {data.num_edges /
                              data.num_nodes:.2f}')
print(f'Number of training nodes: {data.train_mask.sum()}')
print(f'Training node label rate: {int(data.train_mask.sum()) /
                                   data.num_nodes:.2f}')
print(f'Has isolated nodes: {data.has_isolated_nodes()}')
print(f'Has self-loops: {data.has_self_loops()}')
print(f'Is undirected: {data.is_undirected()}')

>>> Data(x=[34, 34], edge_index=[2, 156], y=[34],
    train_mask=[34])
>>> ===========================================================
>>> Number of nodes: 34
>>> Number of edges: 156
>>> Average node degree: 4.59
>>> Number of training nodes: 4
```

```
>>> Training node label rate: 0.12
>>> Has isolated nodes: False
>>> Has self-loops: False
>>> Is undirected: True
```

PyTorch Geometricの各グラフは、1つのデータオブジェクトで表現され、そのグラフ表現を説明するすべての情報を保持している。その属性や形状についての簡単な要約を表示できる（**Listing 6.42**）。

Listing 6.42　Karate Club Networkの情報

```
print(data)
>>> Data(x=[34, 34], edge_index=[2, 156], y=[34],
    train_mask=[34])
```

このデータオブジェクトは4つの属性を持っていることがわかる。

1. edge_indexは、グラフの接続性に関する情報、すなわち各エッジの両端点の組を保持している。
2. ノードの特徴をxで表す（34個のノードにそれぞれ34次元の特徴ベクトルが割り当てられている）。
3. ノードのラベルをyで表す（各ノードはそれぞれ1つのクラスに割り当てられている）。
4. どのノードを（コミュニティの割り当てが既知の）訓練データとするかを`train_mask`で表す。この例では各コミュニティに1つ、合計4つのノードについてのコミュニティの割り当てしか知らないため、残りのノードのコミュニティの割り当てを推測することが課題となる。

データオブジェクトには、基礎となるグラフの基本的な特性を計算するためのユーティリティ関数も提供されている。例えば、グラフに孤立ノードが存在するか否か、自己ループが含まれている（すなわち $(v,\ v) \in E$ か否か、グラフが無向か（各エッジ $(v,\ w) \in E$ に対して、エッジ $(w,\ v) \in E$ も存在するか）否かを簡単に求めることができる（**Listing 6.43**）。

Listing 6.43　Karate Club Network のエッジ

```
from IPython.display import Javascript  # Restrict height of output cell.
display(Javascript('''google.colab.output.setIframeHeight(0, true, {maxHeight: 300})'''))

edge_index = data.edge_index
print(edge_index.t())

>>> tensor([[ 0,  1],
>>>         [ 0,  2],
>>>         [ 0,  3],
>>>         [ 0,  4],
>>>         [ 0,  5],
>>>         [ 0,  6],
>>>         [ 0,  7],
>>>         [ 0,  8],
>>>         [ 0, 10],
>>>         [ 0, 11],
>>>         [ 0, 12],
>>>         [ 0, 13],
>>>         [ 0, 17],
>>>         [ 0, 19],
>>>         [ 0, 21],
>>>         [ 0, 31],
>>>         .....
>>>         [33, 20],
>>>         [33, 22],
>>>         [33, 23],
```

```
>>>          [33, 26],
>>>          [33, 27],
>>>          [33, 28],
>>>          [33, 29],
>>>          [33, 30],
>>>          [33, 31],
>>>          [33, 32]])
```

edge_indexを表示することで、PyTorch Geometricがどのようにグラフの接続性を表現しているかを理解できる。edge_indexは各エッジに対して両端点のインデックスの組を保持している。この表現は、疎な行列を表現する際によく用いられるCOO形式（座標形式）として知られている。接続性を隣接行列 $\mathbf{A} \in \{0, 1\}^{|V| \times |V|}$ という隣接行列で保持するのではなく、$\mathbf{A}$の非ゼロの座標のみを保持することで、疎なグラフを表現している。また、可視化のための強力なツールを実装したnetworkxライブラリ形式に変換することで、グラフをさらに可視化することができる。**Listing 6.44**のコードを実行して得られる**図6.8**は可視化の例を示している。各ノードはメンバーを、各エッジは友人関係を表し、ノードの色は所属コミュニティを表している。

Listing 6.44 **Karate Club Networkの可視化のコード**

```
from torch_geometric.utils import to_networkx

G = to_networkx(data, to_undirected=True)
visualize_graph(G, color=data.y)
```

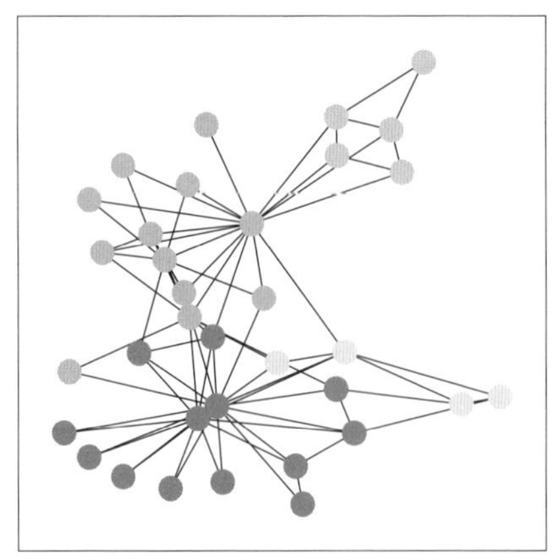

図6.8 Karate Club Networkの可視化結果

PyTorch Geometricのデータ構造について学んだので、いよいよグラフニューラルネットワークを実装する。以下では、最もシンプルな畳み込みであるGCN（Kipfら［17］）を用いる。

$$x_v^{(l+1)} = W^{(l+1)} \sum_{w \in N(v) \cup \{v\}} \frac{1}{c_{w,v}} \cdot x_w^{(l)}$$

ここで $w^{(l+1)}$ は大きさ $num\_output\_features \times num\_input\_features$ の学習可能な重み行列を表し、$c_{w,v}$ は各エッジに対する正規化係数を表す。PyTorch Geometricでは、これを`GCNConv`で実装している。`GCNConv`は、ノード特徴表現`x`とCOO形式のグラフ`edge_index`を引数として実行する。

`torch.nn.Module`クラスにネットワークアーキテクチャを定義することで、グラフニューラルネットワークを作成する準備が整う。

Listing 6.45のコードでは、`__init__`で初期化を行い、`forward`でネットワークの前向きの計算フローを定義する。3層のグラフ畳み込み層を定義しており、各ノードの3ホップ先までのすべての近傍ノードの集約を表している。さらにGCNConv層は、ノード特徴の次元を34→4→4→2と定義しており、各層でtanhの活性化関数を用いている。その後、ノードを4つのクラスの中の1つに割り当てる分類器として線形変換（torch.nn.Linear）を用いる。GCN()によってモデルの初期化を行い、printでモデルを表示すると、すべてのサブモジュールの概要が表示される。具体的には、1層目が入力34次元・出力4次元、2層目が入力4次元・出力4次元、3層目が入力4次元・出力2次元、最後の分類器が線形モデルであることが表示される。

Listing 6.45 **グラフ畳み込みの定義**

```
import torch
from torch.nn import Linear
from torch_geometric.nn import GCNConv

class GCN(torch.nn.Module):
    def __init__(self):
        super(GCN, self).__init__()
        torch.manual_seed(1234)
        self.conv1 = GCNConv(dataset.num_features, 4)
        self.conv2 = GCNConv(4, 4)
        self.conv3 = GCNConv(4, 2)
        self.classifier = Linear(2, dataset.num_classes)

    def forward(self, x, edge_index):
        h = self.conv1(x, edge_index)
        h = h.tanh()
        h = self.conv2(h, edge_index)
        h = h.tanh()
        h = self.conv3(h, edge_index)
        h = h.tanh()  # Final GNN embedding space.

        # Apply a final (linear) classifier.
        out = self.classifier(h)

        return out, h
```

```

model = GCN()
print(model)

>>> GCN(
>>>   (conv1): GCNConv(34, 4)
>>>   (conv2): GCNConv(4, 4)
>>>   (conv3): GCNConv(4, 2)
>>>   (classifier): Linear(in_features=2, out_features=4, bias=True)
>>> )
```

GNNが生成したノードエンベディングを以下に示す。ここではノードの初期特徴xとグラフの接続情報edge_indexをモデルに渡し、その2次元のエンベディングを可視化している。

Listing 6.46 **エンベディングの可視化**

```
model = GCN()

_, h = model(data.x, data.edge_index)
print(f'Embedding shape: {list(h.shape)}')

visualize_embedding(h, color=data.y)
```

Listing 6.46のコードを実行して得られる**図6.9**は、学習前モデルでのKarate Club Networkのエンベディングを表している。

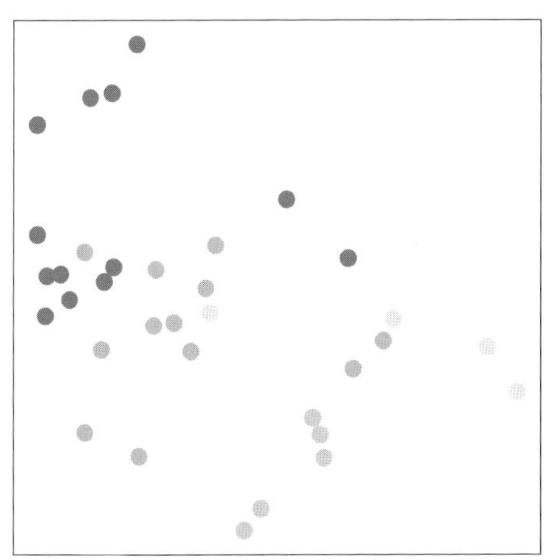

図6.9　学習前モデルでのKarate Club Networkのエンベディング

驚くべきことに、学習前のモデルでも、グラフのコミュニティ構造によく似たノードエンベディングを生成する。このモデルの重みは完全にランダムに初期化されており、学習前であるにもかかわらず、同じ色のノードはエンベディングにおいて近接して配置されている。このことからグラフニューラルネットワークには強い帰納的バイアスがあり、入力グラフ中でお互いに近接するノードは近いエンベディングとなることがわかる。

次に、グラフ中の（各コミュニティに1つずつ割り当てられた）4つのノードのラベル情報に基づいて、ニューラルネットワークのパラメータを学習する方法を以下に示す。

このモデルはすべて微分可能でパラメータ化されているので、ラベルを追加してモデルを学習し、それに対応するエンベディングを観察することができる。半教師あり学習により、各クラスごとに1つのノードに対して学習を行う。

このモデルの学習は、一般のPyTorchのモデルと非常によく似ている。ネットワークアーキテクチャの定義に加えて、損失（Cross Entropy

Loss）を定義し、確率的勾配最適化（ここではAdam）を用いて、最適化を行う。前向き推論で得られた損失に対するモデルパラメータの勾配を計算し、それを逆伝播することでパラメータの更新を行う処理を繰り返す。半教師あり学習を行う部分は以下のようになっている（**Listing 6.47**の12行目）。

```
loss = criterion(out[data.train_mask], data.y[data.train_mask])
```

ノードエンベディングを計算する際はすべてのノードに対して計算しているが、損失の計算には訓練ノードのみを使用している。ここではノードをフィルタリングして、train_maskに含まれているノードのみについて、分類器outの出力と真のラベルdata.yから損失を計算している。

Listing 6.47　訓練と評価

```
1   import time
2   from IPython.display import Javascript  # Restrict height of
                                               output cell.
3   display(Javascript('''google.colab.output.setIframeHeight(0,
            true, {maxHeight: 430})'''))
4
5   model = GCN()
6   criterion = torch.nn.CrossEntropyLoss()  # Define loss criterion.
7   optimizer = torch.optim.Adam(model.parameters(), lr=0.01)
    # Define optimizer.
8
9   def train(data):
10      optimizer.zero_grad()  # Clear gradients.
11      out, h = model(data.x, data.edge_index)  # Perform a single
        forward pass.
12      loss = criterion(out[data.train_mask], data.y[data.train_
        mask])
13      # Compute the loss solely based on the training nodes.
14      loss.backward()  # Derive gradients.
```

```
    optimizer.step()  # Update parameters based on gradients.
    return loss, h

for epoch in range(401):
    loss, h = train(data)
    if epoch % 10 == 0:
        visualize_embedding(h, color=data.y, epoch=epoch,
                                              loss=loss)
        time.sleep(0.3)
```

Listing 6.47のコードを実行した結果を**図6.10**に示す。3層構造のGCNモデルは、コミュニティを線形に分離し、ほとんどのノードを正しく分類した。データ処理やGNNの実装をサポートするPyTorch Geometricライブラリのおかげで、比較的短いコードで実現できた。

図6.10　学習後モデルでのKarate Club Networkのエンベディング

6.3.2　PyTorch Geometricによるノード分類

この項の内容は、PyTorch GeometricのチュートリアルサイトColab Notebooks and Video Tutorialsに掲載されている「2. Node Classification with Graph Neural Networks」のサンプルコードを参考にした。今回実行するコードの冒頭部分を**Listing 6.48**に示す。

Colab Notebooks and Video Tutorials
https://pytorch-geometric.readthedocs.io/en/latest/notes/colabs.html

Listing 6.48 インポートと可視化

```
# Install required packages.
import os
import torch
os.environ['TORCH'] = torch.__version__
print(torch.__version__)

!pip install -q torch-scatter -f https://data.pyg.org/whl/torch-${TORCH}.html
!pip install -q torch-sparse -f https://data.pyg.org/whl/torch-${TORCH}.html
!pip install -q git+https://github.com/pyg-team/pytorch_geometric.git

# Helper function for visualization.
%matplotlib inline
import matplotlib.pyplot as plt
from sklearn.manifold import TSNE

def visualize(h, color):
    z = TSNE(n_components=2).fit_transform(h.detach().cpu().numpy())

    plt.figure(figsize=(10,10))
    plt.xticks([])
    plt.yticks([])

    plt.scatter(z[:, 0], z[:, 1], s=70, c=color, cmap="Set2")
    plt.show()
```

以下では、グラフニューラルネットワークをノード分類のタスクに適用する方法を示す。ここでは、ノードの一部に真のラベルの値が与えられ、残りのすべてのノードのラベルを推定する。ノードが文書、エッジが引用関係を表す引用ネットワークであるCoraデータセットを用いて説明する。各ノードは1,433次元のBag-of-Wordsの特徴ベクトルで記述される。タスクは、各文書のカテゴリ（合計7つ）を推定することである。このデータセットは、`torch_geometric.datasets.Planetoid.` `PyTorch Geometric`を使って簡単にアクセスできる（**Listing 6.49**）。

Listing 6.49　Coraの読み込み

```
from torch_geometric.datasets import Planetoid
from torch_geometric.transforms import NormalizeFeatures

dataset = Planetoid(root='data/Planetoid', name='Cora',
                    transform=NormalizeFeatures())

print()
print(f'Dataset: {dataset}:')
print('======================')
print(f'Number of graphs: {len(dataset)}')
print(f'Number of features: {dataset.num_features}')
print(f'Number of classes: {dataset.num_classes}')

data = dataset[0]  # Get the first graph object.

print()
print(data)
print('=======================================================')

# Gather some statistics about the graph.
print(f'Number of nodes: {data.num_nodes}')
print(f'Number of edges: {data.num_edges}')
print(f'Average node degree: {data.num_edges /
                              data.num_nodes:.2f}')
print(f'Number of training nodes: {data.train_mask.sum()}')
```

```
print(f'Training node label rate: {int(data.train_mask.sum()) /
                                  data.num_nodes:.2f}')
print(f'Has isolated nodes: {data.has_isolated_nodes()}')
print(f'Has self-loops: {data.has_self_loops()}')
print(f'Is undirected: {data.is_undirected()}')

>>> Dataset: Cora():
>>> ======================
>>> Number of graphs: 1
>>> Number of features: 1433
>>> Number of classes: 7

>>> Data(x=[2708, 1433], edge_index=[2, 10556], y=[2708],
    train_mask=[2708], val_mask=[2708], test_mask=[2708])
>>> ===========================================================
>>> Number of nodes: 2708
>>> Number of edges: 10556
>>> Average node degree: 3.90
>>> Number of training nodes: 140
>>> Training node label rate: 0.05
>>> Has isolated nodes: False
>>> Has self-loops: False
>>> Is undirected: True
```

このデータセットは、以前に使用したKarate Club Networkと非常によく似ている。Coraネットワークは、2,708個のノードと10,556個のエッジを持ち、ノードの平均次数は3.9であることがわかる。このデータセットを学習するために、140個のノード（各クラスに20個ずつ）の真のカテゴリの値が与えられている。学習ノードのラベル率は5%である。Karate Club Networkとは対照的に、このグラフには`val_mask`と`test_mask`という属性が追加されており、どのノードを検証とテストに使用するかを示している。さらに、`transform = NormalizeFeatures()`によるデータ変換を用いている。データ変換は、ニューラルネットワークに入力する前に、入力データを修正するために使用するもので、例としては正規化やデータ増強が挙げられる。ここでは、Bag-of-Wordsの入力特徴ベクトルを正規化している。さらにこのネットワークは無向であり、孤立したノードが存在しない（各文書には少なくとも1つの引用がある）ことがわかる。

理論的には、構造情報を考慮せずに、文書の内容のみ、つまりBag-of-Wordsの特徴表現のみに基づいて、文書のカテゴリを推定できるはずである。そこで、入力ノードの特徴のみに基づいて動作する単純なMLPを構築し、それを検証する。すべてのノードに共通の重みを使用する（**Listing 6.50**）。

Listing 6.50 入力ノードの特徴のみに基づくMLP

```
import torch
from torch.nn import Linear
import torch.nn.functional as F


class MLP(torch.nn.Module):
    def __init__(self, hidden_channels):
        super(MLP, self).__init__()
        torch.manual_seed(12345)
        self.lin1 = Linear(dataset.num_features, hidden_channels)
        self.lin2 = Linear(hidden_channels, dataset.num_classes)

    def forward(self, x):
        x = self.lin1(x)
        x = x.relu()
        x = F.dropout(x, p=0.5, training=self.training)
        x = self.lin2(x)
        return x

model = MLP(hidden_channels=16)
print(model)

>>> MLP(
```

```
>>>   (lin1): Linear(in_features=1433, out_features=16, bias=True)
>>>   (lin2): Linear(in_features=16, out_features=7, bias=True)
>>> )
```

このMLPは、2層の線形層とReLUによる活性化関数とドロップアウトで定義されている。まず1,433次元の特徴ベクトルを低次元（hidden_channels=16）にエンベディングする。2層目の線形層は、低次元のノードのエンベディングから、7つのクラス中の1つを選ぶ分類器として機能する。

先ほどと同様の手順で、単純なMLPを学習する。ここでもクロス（交差）エントロピー損失とAdamによる最適化を用いる。今回はtest関数を定義して、訓練中にラベルが観測されなかったテストノードセットで最終モデルの性能を評価する（**Listing 6.51**）。

Listing 6.51 **MLPの学習**

```
from IPython.display import Javascript  # Restrict height of output cell.
display(Javascript('''google.colab.output.setIframeHeight(0,
        true, {maxHeight: 300})'''))

model = MLP(hidden_channels=16)
criterion = torch.nn.CrossEntropyLoss()  # Define loss criterion.
optimizer = torch.optim.Adam(model.parameters(), lr=0.01,
                             weight_decay=5e-4)  # Define optimizer.

def train():
      model.train()
      optimizer.zero_grad()  # Clear gradients.
      out = model(data.x)  # Perform a single forward pass.
      loss = criterion(out[data.train_mask],
                       data.y[data.train_mask])
      # Compute the loss solely based on the training nodes.
```

```
        loss.backward()  # Derive gradients.
        optimizer.step()  # Update parameters based on gradients.
        return loss

def test():
        model.eval()
        out = model(data.x)
        pred = out.argmax(dim=1)  # Use the class with highest probability.
        test_correct = pred[data.test_mask] == data.y[data.test_mask]  # Check against ground-truth labels.
        test_acc = int(test_correct.sum()) / int(data.test_mask.sum())  # Derive ratio of correct predictions.
        return test_acc

for epoch in range(1, 201):
    loss = train()
    print(f'Epoch: {epoch:03d}, Loss: {loss:.4f}')

>>> Epoch: 001, Loss: 1.9615
>>> Epoch: 002, Loss: 1.9557
>>> Epoch: 003, Loss: 1.9505
>>> Epoch: 004, Loss: 1.9423
>>> Epoch: 005, Loss: 1.9327
>>> .....
>>> Epoch: 196, Loss: 0.3615
>>> Epoch: 197, Loss: 0.3985
>>> Epoch: 198, Loss: 0.4664
>>> Epoch: 199, Loss: 0.3714
>>> Epoch: 200, Loss: 0.3810
```

モデルを学習した後に、test関数を呼び出して、学習に使われていないデータに対してモデルがどれだけうまく動作するかを確認する。ここではモデルの精度、すなわち正しく分類したノードの割合に注目する（**Listing 6.52**）。

Listing 6.52 **MLPの精度**

```
test_acc = test()
print(f'Test Accuracy: {test_acc:.4f}')

>>> Test Accuracy: 0.5900
```

実行結果を見てみると、MLPの精度は約59%であり、かなり悪い結果となった。MLPの性能が良くない主な理由は、訓練データの数が少ないために過適合をしてしまい、未知のノード表現への一般化が不十分であるためである。

また、MLPは重要なバイアスをモデルに組み込むことができていない。引用された論文は、引用元論文のカテゴリーに関連している可能性が非常に高い。そこでグラフニューラルネットワークを用いることで、モデルの性能を向上させることができる。

上記のMLPの`Torch.nn.Linear`層をPyTorch GeometricのGNN演算子に置き換えることで、MLPをGNNに簡単に変換することができる。ここでも`GCNConv`モジュールで置き換える。Kipfら［17］のGCN層は、以下のように表すことができる。

$$x_v^{(l+1)} = W^{(l+1)} \sum_{w \in N(v) \cup \{v\}} \frac{1}{c_{w,v}} \cdot x_w^{(l)}$$

ここで$W^{(l+1)}$は大きさ`[num_output_features, num_input_features]`の学習可能な重み行列を示し、$c_{w,v}$は各エッジに対する固定の正規化係数である。その一方で、線形層は以下のように定義され、隣接するノードの情報は利用しない（**Listing 6.53**）。

$$x_v^{(l+1)} = W^{(l+1)} x_v^{(l)}$$

Listing 6.53 グラフ畳み込みの定義

```
from torch_geometric.nn import GCNConv

class GCN(torch.nn.Module):
    def __init__(self, hidden_channels):
        super(GCN, self).__init__()
        torch.manual_seed(1234567)
        self.conv1 = GCNConv(dataset.num_features,
                             hidden_channels)
        self.conv2 = GCNConv(hidden_channels,
                             dataset.num_classes)

    def forward(self, x, edge_index):
        x = self.conv1(x, edge_index)
        x = x.relu()
        x = F.dropout(x, p=0.5, training=self.training)
        x = self.conv2(x, edge_index)
        return x

model = GCN(hidden_channels=16)
print(model)

>>> GCN(
>>>   (conv1): GCNConv(1433, 16)
>>>   (conv2): GCNConv(16, 7)
>>> )
```

次に、訓練前のGCNネットワークのノードエンベディングを可視化する。ここではt-SNEを用いて、7次元のノードエンベディングを2次元の平面にエンベディングしている（**Listing 6.54**）。実行結果を**図6.11**に示す。

Listing 6.54 GCNのノードエンベディング

```
model = GCN(hidden_channels=16)
model.eval()

out = model(data.x, data.edge_index)
visualize(out, color=data.y)
```

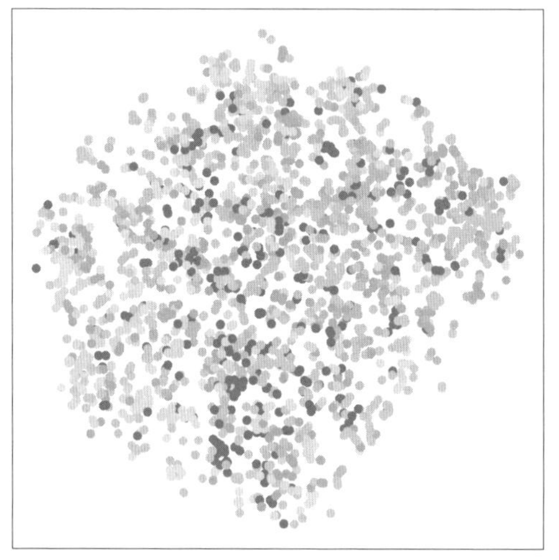

図6.11 学習前モデルでのCoraのエンベディング

図6.11は、訓練前モデルでのCoraのエンベディングを表している。一部についてはクラスタリングが行われているが、モデルを訓練することでさらに良い結果を得られる。訓練とテストの手順はMLPと同じだが、今回はノードの特徴xとグラフの接続性edge_indexをGCNモデルの入力として使用する（**Listing 6.55**）。

Listing 6.55 **GCNの訓練**

```
from IPython.display import Javascript  # Restrict height of output cell.
display(Javascript('''google.colab.output.setIframeHeight(0, true, {maxHeight: 300})'''))

model = GCN(hidden_channels=16)
optimizer = torch.optim.Adam(model.parameters(), lr=0.01, weight_decay=5e-4)
criterion = torch.nn.CrossEntropyLoss()

def train():
      model.train()
      optimizer.zero_grad()  # Clear gradients.
      out = model(data.x, data.edge_index)  # Perform a single forward pass.
      loss = criterion(out[data.train_mask], data.y[data.train_mask])  # Compute the loss solely based on the training nodes.
      loss.backward()  # Derive gradients.
      optimizer.step()  # Update parameters based on gradients.
      return loss

def test():
      model.eval()
      out = model(data.x, data.edge_index)
      pred = out.argmax(dim=1)  # Use the class with highest probability.
      test_correct = pred[data.test_mask] == data.y[data.test_mask]  # Check against ground-truth labels.
      test_acc = int(test_correct.sum()) / int(data.test_mask.sum())  # Derive ratio of correct predictions.
      return test_acc

for epoch in range(1, 101):
    loss = train()
    print(f'Epoch: {epoch:03d}, Loss: {loss:.4f}')

```

```
>>> Epoch: 001, Loss: 1.9463
>>> Epoch: 002, Loss: 1.9409
>>> Epoch: 003, Loss: 1.9343
>>> Epoch: 004, Loss: 1.9275
>>> Epoch: 005, Loss: 1.9181
>>> .....
>>> Epoch: 095, Loss: 0.5816
>>> Epoch: 096, Loss: 0.5745
>>> Epoch: 097, Loss: 0.5547
>>> Epoch: 098, Loss: 0.5989
>>> Epoch: 099, Loss: 0.6021
>>> Epoch: 100, Loss: 0.5799
```

モデルを訓練した後に、そのテストの精度を確認する（**Listing 6.56**）。

Listing 6.56 **GCNの精度**

```
test_acc = test()
print(f'Test Accuracy: {test_acc:.4f}')

>>> Test Accuracy: 0.8150
```

線形層をGNN層に替えるだけで、テスト精度が81.5％になった。MLPのテスト精度が59％であったのとは対照的であり、関係性の情報が性能向上のために重要な役割を果たしていることを示している。

また、**Listing 6.57**のコードを実行して得られる**図6.12**は訓練後モデルでのCoraのエンベディングを示している。これを見ると、同じカテゴリのノードのクラスタリングがはるかにうまくいっていることがわかる。

Listing 6.57 訓練後GCNでのCoraエンベディング

```
model.eval()

out = model(data.x, data.edge_index)
visualize(out, color=data.y)
```

図6.12 訓練後モデルでのCoraのエンベディング

6.3.3 PyTorch Geometricによるグラフ分類

この項では、グラフニューラルネットワークを用いてグラフ分類のタスクを行う方法について考える。ノード分類は与えられたグラフのノードを分類するのに対し、グラフ分類は、グラフの構造的な性質に基づいてグラフ全体を分類する。ここではタスクが与えられたときに、線形分離可能なようにグラフ全体をエンベディングすることを目指す（**図6.13**）。

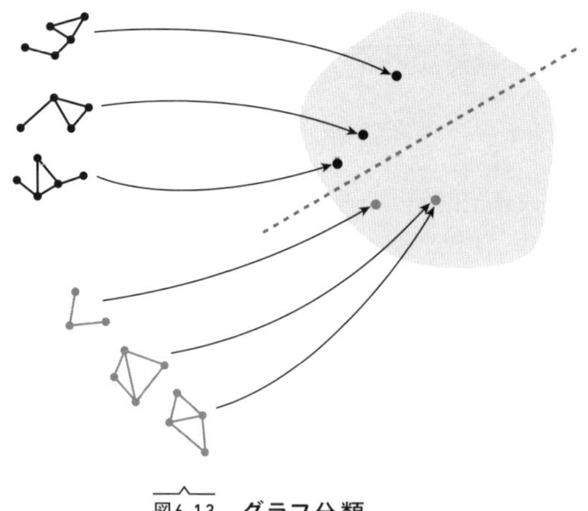

図6.13 グラフ分類

グラフ分類の最も一般的なタスクとして、分子をグラフとして表現し、ある分子がHIVウイルスの複製を阻害するかどうかを推測する、分子特性の予測というタスクがある。ドルトムント大学では、「TUDatasets」と呼ばれるさまざまなグラフ分類データセットを収集しており、PyTorch Geometricの`torch_geometric.datasets.TUDataset`からもアクセスできる。その中の小さなデータセットの1つであるMUTAGデータセットを読み込んで調べる（**Listing 6.58**）。

Listing 6.58 MUTAGデータセット

```
# Install required packages.
import os
import torch
os.environ['TORCH'] = torch.__version__
print(torch.__version__)

!pip install -q torch-scatter -f https://data.pyg.org/whl/torch-${TORCH}.html
!pip install -q torch-sparse -f https://data.pyg.org/whl/torch-${TORCH}.html
```

```
!pip install -q git+https://github.com/pyg-team/pytorch_geometri
c.git
import torch
from torch_geometric.datasets import TUDataset

dataset = TUDataset(root='data/TUDataset', name='MUTAG')

print()
print(f'Dataset: {dataset}:')
print('====================')
print(f'Number of graphs: {len(dataset)}')
print(f'Number of features: {dataset.num_features}')
print(f'Number of classes: {dataset.num_classes}')

data = dataset[0]  # Get the first graph object.

print()
print(data)
print('========================================================')

# Gather some statistics about the first graph.
print(f'Number of nodes: {data.num_nodes}')
print(f'Number of edges: {data.num_edges}')
print(f'Average node degree: {data.num_edges /
                              data.num_nodes:.2f}')
print(f'Has isolated nodes: {data.has_isolated_nodes()}')
print(f'Has self-loops: {data.has_self_loops()}')
print(f'Is undirected: {data.is_undirected()}')

>>> Downloading https://www.chrsmrrs.com/graphkerneldatasets/
    MUTAG.zip
>>> Extracting data/TUDataset/MUTAG/MUTAG.zip
>>> Processing...


>>> Dataset: MUTAG(188):
>>> ====================
>>> Number of graphs: 188
>>> Number of features: 7
>>> Number of classes: 2
```

```
>>> Data(edge_index=[2, 38], x=[17, 7], edge_attr=[38, 4], y=[1])
>>> ===========================================================
>>> Number of nodes: 17
>>> Number of edges: 38
>>> Average node degree: 2.24
>>> Has isolated nodes: False
>>> Has self-loops: False
>>> Is undirected: True

>>> Done!
```

このデータセットには188個の異なるグラフが含まれており、グラフ分類タスクは各グラフを2つのクラスのうちの1つに分類することである。このデータセットの最初のグラフを見ると、（7次元の特徴ベクトルを持つ）17個のノードと38個のエッジを持ち、ノードの平均次数は2.24であることがわかる。またグラフラベルは1つ（`y=[1]`）で、これに加えて4次元のエッジの特徴ベクトル（`edge_attr=[38, 4]`）があるが、話を簡単にするためこれらは利用しない。

PyTorch Geometricには、グラフデータセットを扱うための便利なユーティリティがいくつか用意されている。例えば、データセットをシャッフルして、最初の150個のグラフを訓練用グラフとして使い、残りのグラフをテスト用グラフとして使うことができる（**Listing 6.59**）。

Listing 6.59 データセットの shuffle

```
torch.manual_seed(12345)
dataset = dataset.shuffle()

train_dataset = dataset[:150]
test_dataset = dataset[150:]

print(f'Number of training graphs: {len(train_dataset)}')
print(f'Number of test graphs: {len(test_dataset)}')

>>> Number of training graphs: 150
>>> Number of test graphs: 38
```

グラフ分類のデータセットに含まれるグラフは通常小さいため、グラフニューラルネットワークに入力する前にグラフをバッチ処理して、GPUをフルに利用できるようにする。画像や言語の領域において、この処理はそれぞれの例を同じ大きさの集合にリスケーリングまたはパディングすることによって実現し、その例はさらに別の次元でグループ化される。この次元の長さは「バッチサイズ」と呼ばれ、ミニバッチでグループ化された例の数に等しくなる。

しかし、グラフニューラルネットワークの場合は、これらのアプローチは実行不可能であったり、多くの不必要なメモリ消費を引き起こす可能性がある。したがってPyTorch Geometricでは、多くの例での並列化を実現するために別のアプローチを取る。ここでは隣接行列を対角線上に積み重ねて複数の孤立したサブグラフを保持する巨大なグラフを作り、ノードの特徴は単純に連結している（**図6.14**）。

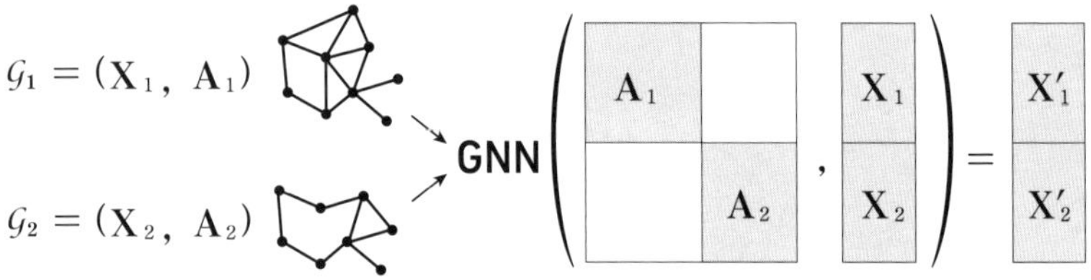

$\mathcal{G}_1 = (\mathbf{X}_1, \mathbf{A}_1)$

$\mathcal{G}_2 = (\mathbf{X}_2, \mathbf{A}_2)$

$$\mathrm{GNN}\left(\begin{bmatrix}\mathbf{A}_1 & \\ & \mathbf{A}_2\end{bmatrix}, \begin{bmatrix}\mathbf{X}_1 \\ \mathbf{X}_2\end{bmatrix}\right) = \begin{bmatrix}\mathbf{X}'_1 \\ \mathbf{X}'_2\end{bmatrix}$$

図6.14 巨大グラフのバッチ

この方法は、他のバッチ処理に比べていくつかの重要な利点がある。

- 異なるグラフに属する2つのノード間ではメッセージが交換されないため、メッセージパッシング方式に依存するGNNオペレータを変更する必要がない。
- 隣接行列は、ゼロ以外のエントリ（エッジ）だけを持つスパースな形で保存されるので、計算やメモリのオーバーヘッドがない。

PyTorch Geometricは`torch_geometric.data.DataLoader`クラスによって、複数のグラフを1つの巨大グラフのバッチとすることを自動的に行う（**Listing 6.60**）。

Listing 6.60 **PyTorch Geometricのバッチ**

```
from torch_geometric.loader import DataLoader

train_loader = DataLoader(train_dataset, batch_size=64,
                          shuffle=True)
test_loader = DataLoader(test_dataset, batch_size=64,
                         shuffle=False)

for step, data in enumerate(train_loader):
    print(f'Step {step + 1}:')
```

```
    print('=======')
    print(f'Number of graphs in the current batch: {data.num_graphs}')
    print(data)
    print()

>>> Step 1:
>>> =======
>>> Number of graphs in the current batch: 64
>>> DataBatch(edge_index=[2, 2636], x=[1188, 7], edge_attr=[2636, 4], y=[64], batch=[1188], ptr=[65])

>>> Step 2:
>>> =======
>>> Number of graphs in the current batch: 64
>>> DataBatch(edge_index=[2, 2506], x=[1139, 7], edge_attr=[2506, 4], y=[64], batch=[1139], ptr=[65])

>>> Step 3:
>>> =======
>>> Number of graphs in the current batch: 22
>>> DataBatch(edge_index=[2, 852], x=[387, 7], edge_attr=[852, 4], y=[22], batch=[387], ptr=[23])
```

ここではbatch_sizeを64とし、2×64＋22＝150個のグラフを含んだ3つの（ランダムにシャッフルされた）ミニバッチを作成する。さらに各Batchオブジェクトはバッチベクトルを持ち、各ノードがバッチ内のどのグラフに所属するかを表す。

```
batch = [0, ..., 0, ..., 1, 2, ...]
```

グラフ分類のためのグラフニューラルネットワークの学習は、通常は簡単な手順で行われる。

- 複数回のメッセージパッシングにより各ノードのエンベディングを得る。
- ノードのエンベディングを集約し、統一されたグラフエンベディングを得る（readout層）。
- そのエンベディングで、最終的な分類器を学習する。

readout層の種類は複数あるが、最も一般的なのはノードのエンベディングの平均を取るものである。

$$x_G = \frac{1}{|V|}\sum_{v \in V} x_v^{(L)}$$

PyTorch Geometricは、`torch_geometric.nn.global_mean_pool`によってこの機能を提供している。ミニバッチ内のすべてのノードのノードエンベディングと、各ノードの所属グラフを表すバッチベクトルを入力とし、バッチ内の各グラフに対して大きさ`[batch_size, hidden_channels]`のグラフエンベディングを計算する。グラフニューラルネットワークをグラフ分類のタスクに適用するための最終的なアーキテクチャは**Listing 6.61**のようになる。完全なエンド・ツー・エンドの訓練が可能である。

Listing 6.61 グラフ分類のGCN

```
from torch.nn import Linear
import torch.nn.functional as F
from torch_geometric.nn import GCNConv
from torch_geometric.nn import global_mean_pool

class GCN(torch.nn.Module):
    def __init__(self, hidden_channels):
        super(GCN, self).__init__()
```

```
        torch.manual_seed(12345)
        self.conv1 = GCNConv(dataset.num_node_features,
                             hidden_channels)
        self.conv2 = GCNConv(hidden_channels, hidden_channels)
        self.conv3 = GCNConv(hidden_channels, hidden_channels)
        self.lin = Linear(hidden_channels, dataset.num_classes)

    def forward(self, x, edge_index, batch):
        # 1. Obtain node embeddings
        x = self.conv1(x, edge_index)
        x = x.relu()
        x = self.conv2(x, edge_index)
        x = x.relu()
        x = self.conv3(x, edge_index)

        # 2. Readout layer
        x = global_mean_pool(x, batch)  # [batch_size,
                                          hidden_channels]

        # 3. Apply a final classifier
        x = F.dropout(x, p=0.5, training=self.training)
        x = self.lin(x)

        return x

model = GCN(hidden_channels=64)
print(model)

>>> GCN(
>>>   (conv1): GCNConv(7, 64)
>>>   (conv2): GCNConv(64, 64)
>>>   (conv3): GCNConv(64, 64)
>>>   (lin): Linear(in_features=64, out_features=2, bias=True)
>>> )
```

ここでは、最終的な分類器をグラフreadout層に適用する前に、局所的なノードエンベディングを得るためにReLU(x) = max(x, 0) 活性化関数とともにGCNConvを利用している。このネットワークを数エポック学習させ、訓練データとテストデータでの性能を確認する（**Listing 6.62**）。

Listing 6.62 **グラフ分類の性能評価**

```
from IPython.display import Javascript
display(Javascript('''google.colab.output.setIframeHeight(0,
        true, {maxHeight: 300})'''))

model = GCN(hidden_channels=64)
optimizer = torch.optim.Adam(model.parameters(), lr=0.01)
criterion = torch.nn.CrossEntropyLoss()

def train():
    model.train()

    for data in train_loader:  # Iterate in batches over the
                                 training dataset.
         out = model(data.x, data.edge_index, data.batch)
         # Perform a single forward pass.
         loss = criterion(out, data.y)  # Compute the loss.
         loss.backward()  # Derive gradients.
         optimizer.step()  # Update parameters based on gradients.
         optimizer.zero_grad()  # Clear gradients.

def test(loader):
     model.eval()

     correct = 0
     for data in loader:  # Iterate in batches over the
                            training/test dataset.
         out = model(data.x, data.edge_index, data.batch)
         pred = out.argmax(dim=1)  # Use the class with highest
                                     probability.
         correct += int((pred == data.y).sum())  # Check against
                                                   ground-truth labels.
```

```
        return correct / len(loader.dataset)  # Derive ratio of correct predictions.

for epoch in range(1, 171):
    train()
    train_acc = test(train_loader)
    test_acc = test(test_loader)
    print(f'Epoch: {epoch:03d}, Train Acc: {train_acc:.4f}, Test Acc: {test_acc:.4f}')

>>> Epoch: 001, Train Acc: 0.6467, Test Acc: 0.7368
>>> Epoch: 002, Train Acc: 0.6467, Test Acc: 0.7368
>>> Epoch: 003, Train Acc: 0.6467, Test Acc: 0.7368
>>> Epoch: 004, Train Acc: 0.6467, Test Acc: 0.7368
>>> Epoch: 005, Train Acc: 0.6467, Test Acc: 0.7368
>>> ...
>>> Epoch: 166, Train Acc: 0.7733, Test Acc: 0.7632
>>> Epoch: 167, Train Acc: 0.7867, Test Acc: 0.7895
>>> Epoch: 168, Train Acc: 0.7867, Test Acc: 0.7895
>>> Epoch: 169, Train Acc: 0.8000, Test Acc: 0.7632
>>> Epoch: 170, Train Acc: 0.8000, Test Acc: 0.7632
```

この結果に示されたように、このモデルはテストデータに対する精度は約76%である。精度が変動する理由は、テストグラフが38個しかなく、データセットがかなり小さいためである。より大きなデータセットに適用すると、このような変動は通常はなくなる。

まとめ_6

この章ではよく使われる深層学習フレームワークであるPyTorchについて、ごく簡単な例を示しながら説明した。さらにPyTorch上でグラフニューラルネットワークを実装するPyTorch Geometricについて、ノード分類やグラフ分類などのタスクにおける実際のコードとその動作例を示した。

先に述べたように、PyTorchはバージョンアップを繰り返しており、PyTorch Geometricを使用する際にはそれに合わせてGPUの使用をサポートするCUDA Toolkitの適切なバージョンも選択する必要がある。PyTorchもPyTorch Geometricも開発が続いており、今後も変更がなされる可能性がある。またグラフニューラルネットワークを実装するライブラリは他にもあり、今後どれが覇権をにぎるかについてはまだ不透明であるが、本章で扱った基本的な考え方は、他のライブラリを扱う際にもある程度役に立つと考える。

Chapter 7

Graph Neural Networks

第 7 章

今後の学習に向けて

7.1 書籍

グラフニューラルネットワークに関する書籍として、本書執筆時点では以下のものがある。

- ***Introduction to Graph Neural Networks***
  Zhiyuan Liu／Jie Zhou著、Morgan & Claypool Publishers、2020

本書は、グラフニューラルネットワークに関するおそらく最初の書籍である。著者らが過去に出したサーベイ論文をベースにしている。

- ***Graph Representation Learning***
  William L. Hamilton著、Morgan & Claypool Publishers、2020

著者のWilliam L. HamiltonはGraphSAGEなどでも有名である。Node Embedding、Graph Neural Networks、Generative Graph Modelsの3部構成となっている。非常に詳細に記述されているが、グラフニューラルネットワーク全体を客観的に俯瞰するというよりは、著者らの開発したGraphSAGEをベースに周辺の関連研究などについて解説している。プレプリントが著者のサイトからダウンロード可能である。

Graph Representation Learning Book（pre-publication）
https://www.cs.mcgill.ca/~wlh/grl_book/files/GRL_Book.pdf

● ***Deep Learning on Graphs***
Yao Ma／Jiliang Tang著、Cambridge University Press、2021

著者のJiliang Tangらは国際会議の併設チュートリアルなどでグラフニューラルネットワークに関する解説を行ってきている。グラフに関する基礎的な説明や、自然言語処理やコンピュータビジョン、生化学へのグラフニューラルネットワークの応用など、広範な内容を扱っている。プレプリントが著者のサイトからダウンロード可能である。

Deep Learning on Graphs（preprint）
https://web.njit.edu/~ym329/dlg_book/dlg_book.pdf

● ***Graph Neural Networks: Foundations, Frontiers, and Applications***
Lingfei Wu／Peng Cui／Jian Pei／Liang Zhao著、Springer、2022

700ページ以上の大著。全27章で構成されており、グラフニューラルネットワークの基礎、発展、応用について詳述している。プレプリントが著者のサイトからダウンロード可能である。

Graph Neural Networks: Foundations, Frontiers, and Applications
https://graph-neural-networks.github.io/

7.2 サーベイ論文

グラフニューラルネットワークについてのサーベイ論文は、2018年から2019年にかけて相次いで予定稿公開サイトのarXiv上に現れ、それらが査読を経て出版されてきている。代表的な研究の紹介や、グラフニューラルネットワークの応用例、さらには今後の研究の方向性などについて述べている。代表的なサーベイ論文としては以下のものがある。

- **"A Comprehensive Survey on Graph Neural Networks"**
  Zonghan Wu／Shirui Pan／Fengwen Chen／Guodong Long／Chengqi Zhang／Philip S. Yu著
  IEEE Transactions on Neural Networks and Learning Systems, Vol. 32, Issue 1, pp. 4-24, 2021.
  https://doi.org/10.1109/TNNLS.2020.2978386

このサーベイ論文では、グラフニューラルネットワークの背景や定義について述べてから、Recurrent Graph Neural Networks、Convolutional Graph Neural Networks、Graph Autoencoders、Spatial-Temporal Graph Neural Networksについて説明し、最後にデータセットや応用、今後の方向性について述べている。

● **"Graph Neural Networks: A Review of Methods and Applications"**

Jie Zhou／Ganqu Cui／Shengding Hu／Zhengyan Zhang／Cheng Yang／Zhiyuan Liu／Lifeng Wang／Changcheng Li／Maosong Sun著
AI Open, Vol. 1, pp. 57-81, 2020.
https://doi.org/10.1016/j.aiopen.2021.01.001

このサーベイ論文では、グラフニューラルネットワークの一般的なデザインパイプラインについて述べ、計算モジュールとしてpropagation、sampling、poolingの3つのモジュールに分け、それらをさらに細分化してグラフニューラルネットワークを分類している。さまざまなバリエーションについても触れ、最後に応用について詳細に述べている。

● **"Deep Learning on Graphs: A Survey"**

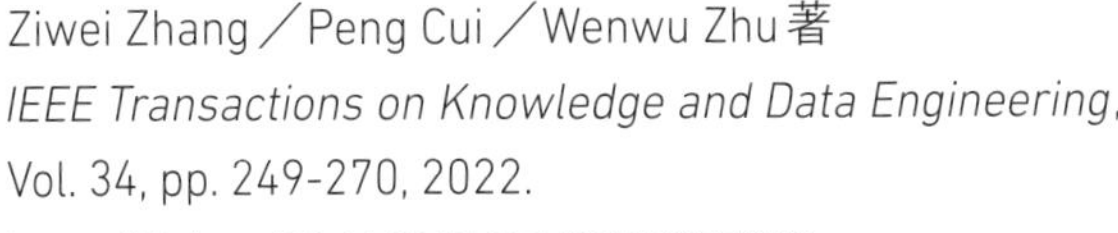

Ziwei Zhang／Peng Cui／Wenwu Zhu著
IEEE Transactions on Knowledge and Data Engineering, Vol. 34, pp. 249-270, 2022.
https://doi.org/10.1109/TKDE.2020.2981333

このサーベイ論文では、グラフにおける深層学習のチャレンジとして、irregular structures of graphs、heterogeneity and diversity of graphs、arge-scale graphs、incorporating interdisciplinary knowledgeの4つを挙げたうえで、Graph Recurrent Neural Networks、Graph Convolutional Networks、Graph Autoencoders、Graph Reinforcement Learning、Graph Adversarial Methodsの5つに分類してグラフニューラルネットワークを説明している。

7.3 動画

- **CS224W: Machine Learning with Graphs**
  http://web.stanford.edu/class/cs224w/

スタンフォード大学のJure Leskovec氏による講義資料が公開されている。授業動画もYouTubeで公開されている。

- **PyTorch Geometric Tutorial**
  https://antoniolonga.github.io/Pytorch_geometric_tutorials/

トレント大学の博士課程の学生やBruno Kessler Centerの研究者のAntonio Longa氏、Gabriele Santin氏、Giovanni Pellegrini氏らがPyTorch Geometricのチュートリアルの資料と動画を公開している［21］。この動画は、本家PyTorch Geometricのチュートリアルとしても紹介されている。

Colab Notebooks and Video Tutorials
https://pytorch-geometric.readthedocs.io/en/latest/notes/colabs.html

7.4 リンク集など

● **Graph Neural Networks**

https://hhaji.github.io/Deep-Learning/Graph-Neural-Networks/

グラフニューラルネットワークやグラフエンベディング、講義、本、ライブラリ、データセット、ツール、分子構造分析などに関する広範なリンクがまとめられている。

● **Papers with codes – Graphs**

https://paperswithcode.com/area/graphs

グラフに関する各タスクの主要論文とそのコードがまとめられている。

● **Must-read papers on GNN**

https://github.com/thunlp/GNNPapers

グラフニューラルネットワークに関する本、サーベイ論文、モデル、応用などがまとめられている。

● **Awesome resources on Graph Neural Networks**

https://github.com/nnzhan/Awesome-Graph-Neural-Networks

グラフニューラルネットワークに関するサーベイ論文や主要論文がまとめられている。

7.5 Open Graph Benchmark

Open Graph Benchmark（OGB）は、グラフを対象とした機械学習のための、現実的で大規模かつ多様なベンチマークデータセットを集めたものである。OGBデータは、OGB Data Loaderを用いて自動的にダウンロード、処理、分割され、モデルの性能はOGB Evaluatorを用いて統一的に評価することができる。OGBはスタンフォード大学のサイトで公開されている。

Open Graph Benchmark（OGB）
https://ogb.stanford.edu/

まとめ_7

本章では今後の学習のための情報源として、2022年現在における書籍、サーベイ論文、動画等についてごく簡単に紹介した。グラフニューラルネットワークの研究はまだまだ発展途上であり、非常に多くの論文が主要国際会議やジャーナルで出版されている。今後もさまざまな情報源が新たに出てくることが期待される。

おわりに

本書ではグラフニューラルネットワークの入門として、グラフエンベディング、グラフ畳み込み、グラフニューラルネットワークの関連トピック、およびPyTorch Geometricによる実装などについて解説した。例えばグラフエンベディングだけでも、本書で取り上げたものの他にさまざまな手法があり、それだけで一冊の書籍となり得る内容である。本書ではグラフニューラルネットワークを取り巻くトピックを広くカバーすることを目指したが、うまくいったかどうかについては読者のご判断に委ねたい。

グラフニューラルネットワークの課題については第4章の「まとめ」でも述べたが、それに加えて、そもそもデータからグラフをどのように生成するかという根本的な課題もある。非構造データであっても、何らかの類似性の基準を導入してグラフ構造を生成することは少なくない。例えば、商品をノードとし、共通する属性がある閾値以上あるような商品間をエッジで結んでグラフとするようなケースが考えられる。

データからグラフを生成する手法は、そのデータに依存するため必ずしも自明ではない。もしデータに内在する構造を見出すような優れたグラフ生成手法を見つけることができたら、それによってグラフニューラルネットワークの応用範囲が広がる可能性がある。今後のグラフニューラルネットワークの発展を通じて、グラフとは何か、どのような場合にグラフは有効かという問いに対するヒントが得られることを期待したい。

参考文献

[1] James Atwood, Don Towsley, "Diffusion-Convolutional Neural Networks", *The 30th Conference on Neural Information Processing Systems* (NIPS 2016), 2016.

[2] Shaosheng Cao, Wei Lu, Qiongkai Xu, "GraRep: Learning Graph Representations with Global Structural Information", Proceedings of the 24th ACM International on Conference on Information and Knowledge Management (CIKM 2015), pp. 891–900, 2015.

[3] Fenxiao Chen, Yun-Cheng Wang, Bin Wang, C.-C. Jay Kuo, "Graph representation learning: a survey", *APSIPA Transactions on Signal and Information Processing*, Vol. 9, e15, Cambridge University Press, 2020.

[4] Peng Cui, Xiao Wang, Jian Pei, Wenwu Zhu, "A Survey on Network Embedding", *IEEE Transactions on Knowledge and Data Engineering*, Vol. 31, No. 5, pp. 833–852, 2019.

[5] Michaël Defferrard, Xavier Bresson, Pierre Vandergheynst, "Convolutional Neural Networks on Graphs with Fast Localized Spectral Filtering", 30th Conference on Neural Information Processing Systems (NIPS 2016), 2016.

[6] Zulong Diao, Xin Wang, Dafang Zhang, Yingru Liu, Kun Xie, Shaoyao He, "Dynamic Spatial-Temporal Grahp Convolutiona Neural Networks for Traffic Forecasting", The Thirty-Third AAAI Conference on Artificial Intelligence (AAAI 2019), 2019.

[7] Palash Goyal, Nitin Kamra, Xinran He, Yan Liu, "DynGEM: Deep Embedding Method for Dynamic Graphs", arXiv preprint Arxiv:1805.11273, 2018.

[8] ICML 2020 Workshop on Graph Representation Learning and Beyond, 2020. https://grlplus.github.io/

[9] Aditya Grover, Jure Leskovec, "node2vec: Scalable Feature Learning for Networks", Proceedings of the 22nd ACM SIGKDD International Conference on Knowledge Discovery and Data Mining (KDD 2016), pp. 855–864, 2016.

[10] William L. Hamilton, Rex Ying, Jure Leskovec, "Inductive Representation Learning on Large Graphs", Proceedings of the 31st Conference on Neural Information Processing Systems (NIPS 2017), 2017.

[11] William L. Hamilton, "Graph Representation Learning", *Synthesis Lectures on Artificial Intelligence and Machine Learning*, Vol. 14, No. 3, Morgan and Claypool

Publishers, 2020.

[12] Petter Holme, Jari Saramäki (eds.), "Temporal Network Theory", *Computational Social Sciences*, Springer, 2019.

[13] Mingliang Hou, Jing Ren, Da Zhang, Xiangjie Kong, Dongyu Zhang, Feng Xia, "Network embedding: Taxonomies, frameworks and applications", *Computer Science Review*, Vol. 38, No. 100296, Elsevier, 2020.

[14] Wei Jin, Yaxin Li, Han Xu, Yiqi Wang, Shuiwang Ji, Charu Aggarwal, Jiliang Tang, "Adversarial Attacks and Defenses on Graphs: A Review, A Tool and Empirical Studies", *ACM SIGKDD Explorations*, December 2020, Volume 22, Issue 2, 2020.

[15] Seyed Mehran Kazemi, Rishab Goel, Kshitij Jain, Ivan Kobyzev, Akshay Sethi, Peter Forsyth, Pascal Poupart, "Representation Learning for Dynamic Graphs: A Survey", *Journal of Machine Learning Research*, Vol. 21, No. 70, pp. 1–73, 2020.

[16] Thomas N. Kipf, Max Welling, "Variational Graph Auto-Encoders", 2016.
https://arxiv.org/abs/1611.07308

[17] Thomas N. Kipf, Max Welling, "Semi-Supervised Classification with Graph Convolutional Networks", The Fifth International Conference on Learning Representations (ICLR 2017), 2017.

[18] Srijan Kumar, Xikun Zhang, Jure Leskovec, "Predicting Dynamic Embedding Trajectory in Temporal Interaction Networks", 25th ACM SIGKDD Conference on Knowledge Discovery and Data Mining (KDD 2019), 2019.

[19] Colin Lea, Michael D. Flynn, Rene Vidal, Austin Reiter, Gregory D. Hager, "Temporal Convolutional Networks for Action Segmentation and Detection", Proceedings of the 2017 IEEE Conference on Computer Vision and Pattern Recognition (CVPR 2017), 2017.

[20] Jundong Li, Harsh Dani, Xia Hu, Jiliang Tang, Yi Chang, Huan Liu, "Attributed Network Embedding for Learning in a Dynamic Environment", Proceedings of the 2017 ACM on Conference on Information and Knowledge Management (CIKM 2017), pp. 387–396, 2017.

[21] Antonio Longa, Giovanni Pellegrini, Gabriele Santin, "PytorchGeometricTutorial" (Version 1.0.0) [Computer software], 2021.
https://github.com/AntonioLonga/PytorchGeometricTutorial

[22] Naoki Masuda, Renaud Lambiotte, "A Guide to Temporal Networks", *Series on Complexity Science, Volume 4,* World Scientific, 2016.

[23] Anh Nguyen, Jason Yosinski, Jeff Clune, "Deep Neural Networks are Easily Fooled: High Confidence Predictions for Unrecognizable Images", Proceedings of 2015 IEEE Conference of Computer Vision and Pattern Recognition (CVPR 2015), pp. 427–436, 2015.

[24] Giang Hoang Nguyen, John Boaz Lee, Ryan A. Rossi, Nesreen K. Ahmed Eunyee Koh, Sungchul Kim, "Continuous-Time Dynamic Network Embeddings", Third International Workshop on Learning Representations for Big Networks (BigNet 2018), in companion of The Web Conference 2018, pp. 969–976, 2018.

[25] Mathias Niepert, Mohamed Ahmed, Konstantin Kutzkov, "Learning Convolutional Neural Networks for Graphs", Proceedings of the 33rd International Conference on Machine Learning (ICML 2016), 2016.

[26] Tomas Mikolov, Kai Chen, Greg Corrado, Jeffrey Dean, "Efficient Estimation of Word Representations in Vector Space", International Conference on Learning Representations 2013 (ICLR 2013), 2013

[27] Christoph Molnar, "Interpretable Machine Learning: A Guide for Making Black Box Models Explainable", 2021.
https://christophm.github.io/interpretable-ml-book/

[28] Jeffrey Pennington, Richard Socher, Christopher Manning, "GloVe: Global Vectors for Word Representation", Proceedings of the 2014 Conference on Empirical Methods in Natural Language Processing (EMNLP), pp. 1532–1543, 2014.

[29] Bryan Perozzi, Rami Al-Rfou, Steven Skiena, "DeepWalk: Online Learning of Social Representations", Proceedings of the 20th ACM SIGKDD international conference on Knowledge discovery and data mining (KDD 2014), pp. 701–710, 2014.

[30] Phillip E. Pope, Soheil Kolouri, Mohammad Rostami, Charles E. Martin, Heiko Hoffmann, "Explainability Methods for Graph Convolutional Neural Networks", 2019 IEEE/CVF Conference on Computer Vision and Pattern Recognition (CVPR 2019), 2019.

[31] Emanuele Rossi, Ben Chamberlain, Fabrizio Frasca, Davide Eynard, Federico Monti, Michael Bronstein, "Temporal Graph Networks for Deep Learning on Dynamic Graphs", 2020. https://arxiv.org/abs/2006.10637

[32] Ryoma Sato, "A Survey on The Expressive Power of Graph Neural Networks", 2020. https://arxiv.org/abs/2003.04078

[33] Jian Tang, Meng Qu, Mingzhe Wang, Minghua Zhang, Jun Yan, Qiaozhu Mei, "LINE: Large-scale Information Network Embedding", Proceedings of the 24th International Conference on World Wide Web (WWW '15), pp. 1067–1077, 2015.

[34] Rakshit Trivedi, Mehrdad Farajtabar, Prasenjeet Biswal, Hongyuan Zha, "Representation Learning over Dynamic Graphs", The Seventh International Conference on Learning Representations (ICLR 2019), 2019.

[35] Ashish Vaswani, Noam Shazeer, Niki Parmar, Jakob Uszkoreit, Llion Jones, Aidan

N. Gomez, Lukasz Kaiser, Illia Polosukhin, "Attention Is All You Need", The 31st Conference on Neural Information Processing Systems (NIPS 2017), 2017.

[36] Petar Veličković, Guillem Cucurull, Arantxa Casanova, Adriana Romero, Pietro Liò, Yoshua Bengio, "Graph Attention Networks", The Sixth International Conference on Learning Representations (ICLR 2018), 2018.

[37] Daixin Wang, Peng Cui, Wenwu Zhu, "Structural Deep Network Embedding", Proceedings of the 22nd ACM SIGKDD International Conference on Knowledge Discovery and Data Mining (KDD 2016), pp. 1225–1234, 2016.

[38] Yanbang Wang, Yen-Yu Chang, Yunyu Liu, Jure Leskovec, Pan Li, "Inductive Representation Learning in Temporal Networks via Causal Anonymous Walks", The Ninth International Conference on Learning Representations (ICLR 2021), 2021.

[39] Felix Wu, Tianyi Zhang, Amauri Holanda de Souza Jr., Christopher Fifty, Tao Yu, Kilian Q. Weinberger, "Simplifying Graph Convolutional Networks", Proceedings of the 36th International Conference on Machine Learning (ICML 2019), 2019.

[40] Zonghan Wu, Shirui Pan, Fengwen Chen, Guodong Long, Chengqi Zhang, Philip S. Yu, "A Comprehensive Survey on Graph Neural Networks", *IEEE Transactions on Neural Networks and Learning Systems*, Vol. 32, Issue 1, pp. 4–24, 2021.

[41] Yu Xie, Chunyi Li, Bin Yu, Chen Zhang, Zhouhua Tang, "A Survey on Dynamic Network Embedding", arXiv preprint arXiv:2006.08093, 2020.

[42] Keyulu Xu, Weihua Hu, Jure Leskovec, Stefanie Jegelka, "How Powerful are Graph Neural Networks?", The Seventh International Conference on Learning Representations (ICLR 2019), 2019.

[43] Da Xu, Chuanwei Ruan, Evren Korpeoglu, Sushant Kumar, Kannan Achan, "Inductive Representation Learning on Temporal Graphs", The Eighth International Conference on Learning Representations (ICLR 2020), 2020.

[44] Guotong Xue, Ming Zhong, Jianxin Li, Jia Chen, Chengshuai Zhai, Ruochen Kong, "Dynamic Network Embedding Survey", arXiv preprint arXiv:2103.15447, 2021.

[45] Jining Yan, Lin Mu, Lizhe Wang, Rajiv Ranjan, Albert Y. Zomaya, "Temporal Convolutional Networks for the Advance Prediction of ENSO", *Scientific Reports*, Vol. 10, Article Number 8055, 2020.

[46] Cheng Yang, Zhiyuan Liu, Cunchao Tu, Chuan Shi, Maosong Sun, *Network Embedding: Theories, Methods, and Applications*, Morgan & Claypool Publishers, 2021.

[47] Rex Ying, Dylan Bourgeois, Jiaxuan You, Marinka Zitnik, Jure Leskovec, "GNN-Explainer: Generating Explanations for Graph Neural Networks", The 33rd

Conference on Neural Information Processing Systems (NeurIPS 2019), 2019.

[48] Bing Yu, Haoteng Yin, Zhanxing Zhu, "Spatio-Temporal Graph Convolutional Networks: A Deep Learning Framework for Traffic Forecasting", 2018 International Joint Conference on Artificial Intelligence (IJCAI 2018), 2018.

[49] Hao Yuan, Haiyang Yu, Shurui Gui, Shuiwang Ji, "Explainability in Graph Neural Networks: A Taxonomic Survey", arXiv preprint https://arxiv.org/abs/2012.15445, 2021.

[50] Seongjun Yun, Minbyul Jeong, Raehyun Kim, Jaewoo Kang, Hyunwoo J. Kim, "Graph Transformer Networks", The 33rd Conference on Neural Information Processing Systems (NeurIPS 2019), 2019.

[51] Ziwei Zhang, Peng Cui, Wenwu Zhu, "Deep Learning on Graphs: A Survey", *IEEE Transactions on Knowledge and Data Engineering*, Vol. 34, pp. 249-270, 2022.

[52] Yi-Jiao Zhang, Kai-Cheng Yang, Filippo Radicchi, "Systematic comparison of graph embedding methods in practical tasks", *Physical Review E 104*, 044315, 2021.

[53] Lekui Zhou, Yang Yang, Xiang Ren, Fei Wu, Yueting Zhuang, "Dynamic Network Embedding by Modeling Triadic Closure Process", Proceedings of the 32nd AAAI Conference on Artificial Intelligence, pp. 571-578, 2018.

[54] Jie Zhou, Ganqu Cui, Shengding Hu, Zhengyan Zhang, Cheng Yang, Zhiyuan Liu, Lifeng Wang, Changcheng Li, Maosong Sun, "Graph neural networks: A Review of Methods and Applications", *AI Open*, Vol. 1, pp. 57-81, 2020.

索引 Index

数字

1次近接性 032
2次近接性 032
2次のマルコフ連鎖 038
3次元メッシュ 160

A

Adam 188
adversarial perturbation detection 089
adversarial training 089
aggregation 068
Anaconda 126
attention 077
attention mechanism 089
AutoEncoder 042
axes-level関数 116

B

Bag-of-Words 169
BERT 077
BFS 036
black-box attack 088

C

catalyst 162
CAWs 091
certifiable robustness 089
Chainer 134
ChebNet 058
Citeseer 167
closed triangle 092
ClusterGCN 161
Colaboratory 128
Colab Pro 131
Colab Pro+ 131
Computational drug design 017
Computational treatment design 017
Continuous-time dynamic graph 090
convex 150
COO形式 183
Cora 167
crowding problem 122
CTDG 090
CTDNE 091

D

DANE 091
DataFrame 110
DCNN 065
Deep Graph Library 160
DeepMind 014, 161
DeepRobust 089
DeepWalk 027
Defferrard 058
Demand forecasting 017
DFS 036
DGCNN 094
DGL 160
diffusion 067
Diffusion-Convolutional Neural Networks 065
diffusion-convolution operation 065

Dimensionality reduction 120
Discrete-time dynamic graph 090
DTDG 090
DynamicTriad 092
DynGEM 092
DyREP 092

E

Edge Cluster 031
Encoder-Decoderモデル 077
ENZYMES 167
Epidemiological forecasting 017
evasion attack 088
Explainable AI 096

F

fastai 162
FAUST 167
figure-level関数 116

G

GAT 077
GCN 060, 174
GNNExplainer 096
GPT-2 077
GPU 128
Grad-CAM 096
Graph Attention Networks 077
Graph Convolutional Networks 060
graph embedding 022
Graph Factorization 035
Graphics Processing Unit 128
Graph Laplacian 052
Graph Nets 161
graph purification 089
GraphSAGE 067
GraphSAINT 161
Graph Transformer Networks 079
GraRep 039
gray-box attack 088
greedy routing 044
Grover 036

H

Hamilton 067
Hierarchical Softmax 030
homophily 037
hyperbolic空間 043

I

ignite 162
inductive 042, 067
irisデータセット 120
Isomap 025
isomorphic 068

J

JODIE 092
JupyterLab 126
JupyterLab Desktop App 127
Jupyter Notebook 126
Jure Leskovec 218

K

Keras 134
key-value 077
Kipf 060
KL-divergence 033, 076, 122
k-means法 119

L

Laplacian Eigenmap 031
LaTeX 130
LE 031
LeakyReLU 079
LINE 027
LSTM 068

M

mapping accuracy 044
Matplotlib 113
Matthias Fey 160
MDS 025
mean-shift法 119
Mean Squared Error 147
mini-batch 062
MLP 193
ModelNet10/40 167
Model selection 120
Modularity 031
molecular fingerprints 015
MSE 147
multidimensional scaling 025
multi-head attention 079
multiset 084
MUTAG 202
MXNet 161

N

ndarray 105
n-dimensional array 105
negative sampling 035
NeighborSampler 161
networkx 161
Niepert 064
node2vec 036
non-negative
matrix factorization法 120
NumPy 104

O

OGB 220
Open Graph Benchmark 220
open triangle 092
Outbreak tracking and tracing 017

P

PageRank 034
pandas 110
PATCHY-SAN 064
PCA 025
Perozzi 027
PFN 134
Planetoidデータセット 167

poisoning attack 088
PPI 079
Preferred Networks 134
Preprocessing 120
principal component analysis 025
protein-protein interaction 079
Pubmed 167
PyG 160
Python 102
PyTorch 103, 134
PyTorch Geometric 160
PyTorch Lightning 162

Q

QM7/QM9データセット 167
query 077

R

readout層 210
reconstruction loss 076
regularization 041
ReLU 175
renormalization trick 060
representation learning 022

S

Scikit-learn 119
SciPy 107
SciPy Lecture Notes 124
SDNE 073
seaborn 116
self-attention 079
Series 110
SGC 081
SGD 155
ShapeNet 167
singular value decomposition 025
Simple Graph Convolution 081
SkipGram 027
SNE 122
softmax関数 078
Sonnet 161
Spatialなグラフ畳み込み 049
Spatio-Temporal Graph Convolutional Networks 094
spatio-temporal Graph Neural Networks 018
Spectral Clustering 031
Spectralなグラフ畳み込み 049
Stacked AutoEncoder 073
STGCN 094
Stochastic Gradient Descent 155
Stochastic Neighbor Embedding 122
Structural Deep Network Embedding 073
structural equivalence 036
Student-t分布 122
supply chain optimization 017
SVD 025
SVM 119
SVR 119

T

Tang 032
tanh 185
targeted attack 088
t-Distributed Stochastic Neighbor Embedding 122
TensorFlow 103, 134
TGAT 092
transductive 041, 067, 079
Transformer 077
t-SNE 122
TUDataset 167, 202

U

untargeted attack 088

V

VAE 042
Variational AutoEncoder 042, 075
Variational Graph AutoEncoder 042, 075
Velickovic 077
VGAE 042

W

Weisfeiler-Lehmanカーネル 064
Weisfeiler-Lehman同型テスト 068, 085
Welling 060
white-box attack 088
WLカーネル 064
WL同型テスト 068, 085

X

XAI 096

あ行

浅いエンベディング 041
アダマール積 056
インスタンス 139
疫学的予測 017
エッジ 007
エッジクラスタ 031
エンコーダ 073
エンコード 072
オートエンコーダ 042, 072
オブジェクト 139
重み 137
重み付きグラフ 045

か行

回帰 119
解釈可能性 098
階層的ソフトマックス 030
ガウス分布 122
科学技術計算 107
拡散 067
拡散畳み込み演算 065
確率的勾配降下法 062, 155
確率的勾配最適化 188
可視化 122, 138
活性化関数 185
過適合 196
空手クラブ 179
頑強性 098
頑強性認定 089
感染追跡 017
機械学習 003
基底 063
キー・バリュー 077
逆グラフフーリエ変換 055
逆射影 055
逆伝播 188
逆変換 049
局所性 056
クエリ 077
クラス 139, 180
クラスタ係数 044
クラスタリング 022, 119
グラフエンベディング 022
グラフ可視化 022
グラフカーネル 066
グラフ浄化 089
グラフ信号処理 051
グラフ同型問題 085
グラフニューラルネットワーク 002
グラフ描画 113
グラフフーリエ変換 055
グラフ分類 201
グラフラプラシアン 052
グラフラベリング 065
グリッドサーチ 120
クロスエントロピー損失 194
経験的確率 034
決定木 119
交差エントロピー損失 194
交差検定 120
高周波成分 081

構造情報 024
構造同値 036
勾配 151
誤差逆伝播 152
コミュニティ 179
コミュニティ検出 053
固有値分解 049
混雑問題 122
コンストラクタ 139

さ行

最近傍法 119
再構成損失 075
最適化 107, 150
座標形式 183
サプライイチェーン最適化 017
散布図 123
サンプリング 075
時空間グラフ
畳み込みネットワーク 094
時空間グラフニューラルネットワーク 018
シグモイド関数 030, 039
次元縮約 120
自己教師付き 099
自己注意 079
次数正規化行列 066
次数分布 044
事前学習 099
実対称半正定値行列 054
射影 055
集約 068, 084
主成分分析 025
需要予測 017
順伝播型ニューラルネットワーク 079
条件付き確率 034
信号処理 049
深層学習 002
スペクトラルクラスタリング 031, 119
スペクトル 054
スペクトル解析 051
正規化 120
正規化隣接行列 057
正則化 041
正則グラフ 085
積分 107
摂動 088
説明可能性 096
遷移確率行列 039
線形変換 143, 185
線形モデル 143
双曲空間 043
創薬支援 015
属性情報 024
ソフトマックス 175
損失 147, 187

た行

大域的最適解 150
多次元尺度構成法 025
多重集合 084
多層オートエンコーダ 073
畳み込み 048

畳み込みニューラルネットワーク 005
多ラベル分類 031
単射 085
単純グラフ 045
タンパク質間相互作用 079
チェビシェフ多項式 058
注意 077
注意機構 089
中心性 053
頂点 002
直交 054
低周波成分 081
敵対的訓練 089
敵対的攻撃 088
敵対的摂動検出 089
デコーダ 073
デコード 072
データ変換 172
テンソル 066, 161
転置 165
転置行列 055
同型 068
動的グラフ 045
同類性 037
特異値分解 025
特徴選択 120
閉じた三角形 092
凸関数 150
ドロップアウト 194
貪欲ルーティング 044

な行

ノード 006
ノード分類 022

は行

バイアス 137
配列 104
バッチサイズ 141
幅優先サンプリング 036
半教師あり学習 188
表現学習 022
開いた三角形 092
フィルタ 048
フィルタリング 188
深いエンベディング 042
深さ優先サンプリング 036
復元 072
フーリエ変換 049, 104
プーリング 068
分子指紋 015
分布感距離 076
分類 119
平均二乗誤差 147
ページランク 034
ヘテロな 045
ヘテロな関係性 018
辺 062
変換 049
偏微分 151
変分オートエンコーダ 042, 075
変分グラフオートエンコーダ 042, 075
ポイントクラウド 160

補間 107

ま行

前処理 120
前向き推論 175
マークダウン 130
マッピング精度 044
マルチヘッド注意 079
ミニバッチ 160, 170
無向グラフ 063, 164
メソッド 139
モジュラリティ 031
モチーフ 045
モデル選択 120

や行

薬剤設計 017
薬剤転用 017
有向グラフ 045
要素積 056

ら行

ラッパー 162
ラプラシアン固有写像 031
乱数 137
ランダムウォーク 027
ランダムフォレスト 119
離散時間動的グラフ 090
リスト 104
リンク予測 022
連結性 053
連続時間動的グラフ 090
ロジスティック回帰 066
ローパスフィルタ 081

〈著者略歴〉
村田　剛志（むらた つよし）
東京工業大学 情報理工学院 情報工学系 知能情報コース 教授。
1990年東京大学理学部情報科学科卒業。1992年同大学院理学系研究科修士課程修了。東京工業大学工学部助手、群馬大学工学部助手、同講師、国立情報学研究所助教授、科学技術振興事業団さきがけ研究21研究員（兼任）、東京工業大学大学院情報理工学研究科助教授を経て2020年より現職。博士（工学）。人工知能、ネットワーク科学、機械学習に関する研究に従事。人工知能学会、情報処理学会、日本ソフトウェア科学会、AAAI、ACM、各会員。著書に『Pythonで学ぶネットワーク分析　ColaboratoryとNetworkXを使った実践入門』（オーム社）がある。

• 本文デザイン　新井大輔

グラフニューラルネットワーク
PyTorchによる実装

2022年7月15日　　第1版第1刷発行

著　　者　村田剛志
発 行 者　村上和夫
発 行 所　株式会社 オーム社
　　　　　郵便番号　101-8460
　　　　　東京都千代田区神田錦町3-1
　　　　　電話　03(3233)0641(代表)
　　　　　URL　https://www.ohmsha.co.jp/

組版　風工舎　　印刷・製本　壮光舎印刷
ISBN978-4-274-22887-2　Printed in Japan

小高知宏 著
強化学習と深層学習
《C言語による
シミュレーション》
Ohmsha

新納浩幸 著
Chainer v2による実践深層学習
複雑な
NNの実装方法
Ohmsha

小高知宏 著
自然言語処理と深層学習
《C言語による
シミュレーション》
Ohmsha

小高知宏 著
機械学習と深層学習
《C言語による
シミュレーション》
Ohmsha

伊庭斉志 著
進化計算と深層学習
《創発する知能》
Ohmsha

Ohmsha